阿里纪行

——探秘雪域之巅的往昔生命

邓 涛 著

上海科学技术出版社

图书在版编目（CIP）数据

阿里纪行：探秘雪域之巅的往昔生命/邓涛著 . —上海：上海科学技术出版社，2014.10（2021.9重印）

（科学之旅）

ISBN 978-7-5478-2242-5

Ⅰ.①阿… Ⅱ.①邓… Ⅲ.①盆地－科学考察－阿里地区－普及读物 Ⅳ.① P942.750.75-49

中国版本图书馆 CIP 数据核字（2014）第 105744 号

审图号：GS（2014）639 号

封面动物	西藏披毛犀（*Coelodonta thibetana*）复原图 （Julie Naylor 绘）
封底照片	札达盆地地层（李强摄）
责任编辑	唐继荣　季英明　朱永刚
装帧设计	戚永昌
电脑制作	吴 琴

阿里纪行 —— 探秘雪域之巅的往昔生命

邓 涛 著

上海世纪出版（集团）有限公司
上 海 科 学 技 术 出 版 社　出版、发行

（上海钦州南路 71 号　邮政编码 200235　www.sstp.cn）

永清县晔盛亚胶印有限公司印刷

开本 700×1000　1/16　印张 11　字数 190 千

2014 年 10 月第 1 版　2021 年 9 月第 4 次印刷

ISBN 978-7-5478-2242-5/N·85

定价：38.00 元

内容提要

　　本书记述了作者带领其团队对西藏自治区阿里地区札达盆地的考察和研究历程，全方位介绍了青藏高原隆升对新生代哺乳动物进化和环境演变的影响。叙事以 2012 年的野外调查为主线，对沿途地点进行了生动描绘。考察队在札达盆地发现了原始的寒冷适应性动物化石，证明青藏高原是冰期动物群的摇篮。书中介绍了相关的古生物学、地层学、地质学等专业知识，还涉及西藏中西部高原和山南地区的动植物、地形地貌、历史宗教、风土人情、文化艺术与经济发展等方面的背景，展现了艰苦并快乐的考察工作场景，同时配以丰富的野外实景照片，并有精美的古生物复原图。本书适合对古生物学、西藏风土人情与野生动植物等感兴趣的读者阅读。

前　言

在研究青藏高原哺乳动物化石的过程中我们了解到，高原隆升的概念早在 19 世纪中叶就被英国古生物学家法尔康那（Hugh Falconer）提及，他报道了来自我国西藏自治区阿里地区札达县海拔 5 800 米的尼提山口的犀牛化石。仔细探究文献可以发现，这些化石并非产自尼提山口，而是由越过尼提山口的贸易者带来，很显然是札达盆地地层中的产物。在现代的印度平原上就生活着犀牛，因此法尔康那很自然就想到，尼提山口的犀牛也应该曾经生活在低海拔地区，而其时代是几百万年前的中新世晚期，因此青藏高原自那时以来已上升了几千米。到 20 世纪 70 年代，中国科学院组织的青藏高原综合考察在高原上的几个盆地找到了中新世晚期的哺乳动物化石，包括西藏自治区日喀则地区吉隆县的沃马盆地和聂拉木县的达涕盆地、那曲地区比如县的布隆盆地，以及所谓"尼提山口化石"的真实产地札达盆地。

青藏高原是地球上最年轻、海拔最高的高原，其高度占据了对流层的三分之一，对大气环流和气候有着巨大的动力和热力效应。青藏高原隆升是晚新生代全球气候变化的重要因素，强烈影响了亚洲季风系统。印度板块与亚洲板块的碰撞是约 5 500 万年以来地球历史上发生的最重要的造山事件，而由此导致的青藏高原隆升对东亚乃至全球的环境产生了重要影响。然而，关于青藏高原的隆升历史和过程，尤其是不同地质时期的古高度，长久以来一直存在着激烈的争论。

实际上，在青藏高原两侧发现的哺乳动物化石也暗示了高原的隆升过程。渐新世时期，青藏高原北侧的中国西北地区有巨犀生活，而在青藏高原南侧的印度次大陆西瓦立克地区的地层中也有巨犀化石分布。巨犀动物群在青藏高原南、北两侧的发现表明，青藏高原在晚渐新世时的隆升幅度还不大，还不足以阻挡大型哺乳动物群的交流，巨犀、巨獠犀和爪兽等都还可以在早期"青藏高原"的南、北之间比较自由地迁徙。至中中新世，铲齿象在青藏高原北侧的很多地点都有发现，而同一时期在青藏高原南侧的印度次大陆已见不到这类动物的踪迹，反映出青藏高原在中中新世已经隆升到足以阻碍动物交流的高度。

为了更详细地解读青藏高原在新生代的演化过程，深入高原内部开展工作就显得尤为必要，因此笔者所在的中国科学院古脊椎动物与古人类研究所新近纪课题组从 2001 年开始沿着前辈的足迹又启动了新一轮的考察，札达盆地也成为一个重要的目的地。新的工作带来了新的发现，也为对青藏高原隆升过程的认识提供了新的证据。

例如，藏北的伦坡拉盆地平均海拔约 4 700 米，其新生代地层总厚达 4 000 米以上，由下部的牛堡组和上部的丁青组组成。此前对伦坡拉盆地古高度的判断有很大差别，最低的估计认为丁青组时期的海拔高度仅有 1 000 米左右，而最高的推算则认为这个时期已达 4 500 米。我们在丁青组中发现了早中新世的近无角犀（*Plesiaceratherium*）化石，而在中国和欧洲其他地点发现的近无角犀都曾生活于温暖湿润的常绿阔叶林带。通过与现代喜马拉雅山南坡动植物垂直分布的对比和早中新世古气温的校正，推断出伦坡拉盆地当时的海拔高度在 3 000 米以下。

更重要的发现则来自札达盆地。我们在自 2006 年开始的考察中从中新世、上新世和更新世的地层中发现了非常丰富的哺乳动物以及其他脊椎动物化石。我们的发现不仅重建了札达盆地的古高度，更重要的是找到了第四纪冰期动物群、现代青藏高原动物群和北极动物群最初的起源地。我们报道了最原始的披毛犀和雪豹，研究了高原上的札达三趾马和雪山豹鬣狗，追踪到藏羚羊和岩羊的远古遗存……这些发现吸引着我们一次又一次回到高原、回到西藏、回到札达，本书就是对 2012 年最新一次札达考察的详细记述。

本书将以时间顺序为主线，以地理方位为核心来呈现这一次的札达之行。因此，书中每日的行程不会是完全连续的，而是把同一地点的工作内容综合在一章中。本书是我们考察队全部队员共同努力的结晶，它将通过文字和图片展示每一位队员的风采。

邓涛 研究员

中国科学院古脊椎动物与古人类研究所

2014 年 1 月 28 日

2012 年 7 月 14 日，考察队结束野外工作后合影（前排左起：颉光普、李强、李杨瑶、侯素宽；后排左起：时福桥、邓涛、王宁、高伟、土登、吴飞翔、达瓦、王晓鸣）

目　录

喜马拉雅山南坡的飞瀑

俯瞰青藏高原

1. 回到拉萨

> 巷陌迂回贯扎仓，花枝绽放饰僧房。
> 翩然野鸽栖金顶，玫瑰衔来献吉祥？
>
> —— 色拉寺

青藏高原是世界上最高的高原，其平均高度达到 4 000 ~ 5 000 米，而且面积广袤，包括中国的整个西藏和青海，以及四川、云南、新疆、甘肃部分地区在内的 257 万平方公里，再加上不丹、尼泊尔、印度、巴基斯坦、阿富汗、塔吉克斯坦、吉尔吉斯斯坦的毗连部分，总面积超过 300 万平方公里。最大的海拔高度造就了独特的自然地理环境，与我们人类生理活动相关的就有气压低、含氧量少、空气干燥等特点。对普通人来讲，到青藏高原，尤其是核心地带西藏就有一些不同于其他地区的体验，在身体上最明显的就是高原反应。我自己也是一个反应剧烈的人，特别是有难以入睡的生理症状以及对感冒引起肺水肿的心理担忧。所以，我对神奇的西藏总是充满矛盾：一方面不管去过多少次，依然有强烈的愿望驱使着下一次的行程；而另一方面，每一次出发之前都充满担心，生怕万一感冒了，就会不得不取消自己的行程，虽然这样的事还从未发生过。

最近十多年来，我所在的中国科学院古脊椎动物与古人类研究所（以下简称古脊椎所）的新近纪研究小组连续得到国家自然科学基金委员会、科技部和中国科学院的资助，开展青藏高原新生代盆地的地层和脊椎动物化石调查研究。所以，我们总要深入高原腹地，筹划西藏之行也就成了我们一个接一个的任务，而每一次都是令人怦然心动的窃喜和雀跃。自己知道，不管有多大的困难，不管有什么有理或无谓的担忧，其实总是盼望着去探究这个神秘、奇特和美丽的高原。2012 年的夏天到来，我们知道又可以启程了，新的一次考察就此开始。

2012 年 6 月 28 日飞拉萨的航班是 7 点 40 分，所以 5 点就起床，在阴沉沉的天气中乘出租车赶往机场。等我们通过专门为拉萨航线开通的安检通道到登机口，很快就广播上飞机了，不过却是坐摆渡车。这时候下起雨来，雨

蜀山之王贡嘎山

还不小，就一直在摆渡车上等，经过很长一段时间后才前往停机坪上飞机。但雨更大了，又在飞机上等待。乘务组都不知道什么时候起飞，不得已开始发早餐，就在这时飞机又动了。这场雨确实太大，飞机晚了一个小时才起飞，我女儿所在的学校还发来短信说因为这场大雨要提前放学，让孩子们早点回家。

起飞了，就应该再无什么耽误。一路的风光尽管已看过多次，但飞过成都后到拉萨的一段总是不能错过。首先映入眼帘的是高耸云霄的蜀山之王贡嘎山，在一刹那你能想到的词一定是"孤芳自赏"。不过，很快南迦巴瓦峰率领一座座雪峰扑面而来，让人应接不暇，立刻感到刚才有些浅薄了。绵延的白色世界，极少受到人类的打扰，静静地展现着自然的魅力，直到林芝的绿野才画上一个惊叹号！

已经清楚地看得见雅鲁藏布（本书多数地方将"雅鲁藏布江"称为"雅鲁藏布"，因在藏语中"藏布"即为"江"的意思；有时将其简称为"雅江"）宽阔的河谷和河畔的贡嘎机场，但飞机继续向西飞并不断降低高度，直到拉萨河与雅鲁藏布的汇流处折返。转弯时机翼仿佛都快要擦到山上，当然这只是我们的视觉感受。毫无问题，掠过一丛丛生长在沙洲水岸的柳树，飞机顺利降落在河谷中的机场。

其实并不总是很顺利，2013 年 8 月 1 日去西藏时就遇上麻烦。这次是 9 点从北京飞拉萨的航班，但到机场打印登机牌时才发现起飞时间已推迟到 10 点。又是因为北京在下雨，登机后就一直等着，直到过 11 点才起飞。也这样想，起飞了就应该没问题。下午 3 点应该快到目的地拉萨了，我无意中从窗口看见地面的贡嘎机场。正在奇怪为什么还没有信息通知，这时广播响起，却是很遗憾地告诉大家，机长认为不具备着陆条件，我们不得不返回成都备降。乘客们从舷窗看出去感觉天气情况很好，后来在机场等候我们的司机土登师傅也说完全没问题，但也许是肉眼看不见的气流扰动吧。贡嘎机场由于地处高原，气象条件瞬息

3

雅鲁藏布流向与拉萨河汇合处

万变，下午尤其强烈，因此大多数飞机都安排在上午降落。到达成都双流机场，说可以转晚上的两趟到拉萨的航班，但我们还没办上改签手续，航空公司就宣布这两个航班也取消了。我们不得不在机场附近住上一夜，乘第二天一早的航班飞往拉萨。

再回到2012年的行程。在2011年为我们考察队开过一个月车的达瓦师傅在机场外迎接我们，他是一位壮实的藏族汉子，脸上带着真诚而憨厚的笑容，给我们每个人送上了一条洁白的哈达。同行的吴飞翔跟达瓦已非常熟悉了，他们曾在藏北高原的并肩战斗中结下了深厚的友谊。飞翔是张弥曼院士指导的博士后，已在我们的课题组里参加了多次西藏考察，在伦坡拉盆地和尼玛盆地发现了大量保存精美且意义重大的鱼类化石。

从机场到城里的路程又缩短了，开通了一条到柳梧的高速公路，一路沿着拉萨河上行，然后穿过隧道到市区。跨过柳梧大桥，到中国科学院青藏高原研究所（以下简称青藏所）的拉萨部就不远了。

青藏所的拉萨部是一个安静而优美的所在，每到夏天的这个野外工作最好季节，这里总是热闹异常，很难住下频繁造访的各个考察队。今天早上刚

贡嘎机场的风云变幻

中国科学院青藏高原研究所（青藏所）拉萨部

巧有青藏所的车队出发去阿里地区，所以幸运地给我们空出了房间。我们这次考察队的人马今天全到了，当然，没有"马"，而是四辆越野车。我与古脊椎所的吴飞翔和侯素宽博士共3人乘飞机从北京来，西北大学的博士研究生李杨璠从西安坐火车在下午4点到。古脊椎所的两辆越野车载着王晓鸣、李强、王宁、时福桥和高伟从北京出发，到兰州接上甘肃省博物馆的颉光普研究员。他们刚刚结束了在柴达木盆地的野外考察，还在西宁盆地湟中县的谢家和甘肃省阿克塞县的红崖子开展了工作，昨晚住在安多，预计今天下午6点钟到达拉萨。我们的队伍本来很庞大，美国《国家地理》杂志的前艺术总监、现在的科学视界公司董事长斯隆（Christopher Sloan）博士组织了由美国、法国和比利时人参与的7人摄制组，打算跟随我们到西藏自治区阿里地区札达县拍摄一部与西藏披毛犀（*Coelodonta thibetana*）有关的科学纪录片，可是临到最后因故未能成行。他们之前已拍过一系列有关自然、尤其是古生物方面的影片和节目，受到广泛欢迎。斯隆最近非常关心第四纪的冰期动物群（第四纪冰期常常被通俗地称为冰河世纪，其原因是第四纪初期寒冷气候带向中低纬度地带迁移，使高纬度地区和山地广泛地发育了大规模的冰盖或冰川，一直持续到距今约1万年前才结束），不久前还与俄罗斯西伯利亚的博物馆以及

王晓鸣在札达盆地查看地质图

我们古脊椎所合作，在香港成功地举办了猛犸象展览，因此他对在西藏发现的冰期动物群祖先非常感兴趣，但只能等到下次再拍摄了。

王晓鸣是美国洛杉矶自然历史博物馆的研究馆员，也是古脊椎所的客座研究员。从 2006 年起，他就带领古脊椎所和洛杉矶自然历史博物馆的联合考察队前往札达盆地进行考察，而在那些年里，我则带领古脊椎所新近纪研究小组在青藏高原东北缘的临夏盆地和藏北的伦坡拉盆地工作。两个考察队的成员实际上属于同一个研究小组，因此我们有时是分头行动，而有时是前后进行，考察队的成员在野外常常又重新组合。还记得 2010 年的考察，我们在伦坡拉盆地工作的同时，晓鸣带领考察队在柴达木盆地开展调查。然后，我们汇聚到青藏公路上，我和王世骐、王宁等人继续前往可可西里盆地的沱沱河和五道梁一带工作，晓鸣则与王杨、曾志杰、刘娟、张春富、加里（Gary Takeuchi）等人前往札达盆地。加里是洛杉矶自然历史博物馆下属的佩奇博物馆的高级技师，也是化石发掘的高手，跟我们一起在中国的许多地点开展过工作，札达盆地的多次重要化石发掘就是由他担任技术负责。

我们在那曲汇合了，但很快又分手，仿佛有"数声风笛离亭晚，君向潇湘我向秦"的感觉，不免令人伤感，而李强、时福桥、硕士生孙博阳和驾驶

2010 年札达考察的全体队员（前排左起：王杨、孙博阳、刘娟、曾志杰、加里、吴胜利；后排左起：张春富、李强、赵敏、单增、益西、颉光普、时福桥、王晓鸣）

拉萨市内的过街塔

员吴胜利跟我们一道从伦坡拉出来，正在当雄等着晓鸣他们。

这次到拉萨的第一天，我虽说还是感到上楼很累，因为没有电梯，也还做了一点搬运行李的"剧烈"运动，但整个情况没有太特别的地方，不过是心跳加速、走路喘气而已。中午还是那家我们常去的四川饭馆，当然，从这顿饭又开始吃生大蒜了，多年的经验证明这是消毒杀菌的利器。下午在床上躺了两个小时，也没有睡着，失眠是我最主要的反应，白天就更难了。晚餐在青藏所食堂，简单清淡，但卫生条件有保证。

拉萨白日里的天气晴朗，阳光灿烂，在外面走着很热，但在房间里又发凉，所以穿衣服得很注意。嗓子总是不舒服，是咽炎引起的老毛病了，但似乎比在北京好得多，显然是空气清洁的原因。

6月29日，天气依然晴朗，这是拉萨夏天的常态。昨天晚上似睡非睡，睡眠质量很差。把安眠药放在床头，迷糊中觉得吃了，却一点效果都没有，还是睡不着。两只蚊子来进攻，起来打死了一只，全是血。可一看床头，安眠药原封未动，原来是刚才做梦了，这说明睡着了一会，也不再吃药，继续躺下。又觉得做梦了，天亮前睡着了一阵。

实际上，睡不着觉会进一步加重高原反应的不适。记得在2001年第一次来西藏时，考察队的很多队员也都在刚来时不能入眠，于是，就去药店买安眠药，结果没有买到。那时才知道，安眠药是不能在药店随便买的。后来每次到西藏，就到自己单位的医务室开上安眠药，失眠的问题变得很容易克服了。这次高原反应也不算太严重，没有头痛，但觉得肩关节和髋关节发酸，不记得以前是否有过这样的症状。

虽然说刚到拉萨主要是休息调整，但还是可以出去活动一下，拉鲁湿地是个不错的选择。青藏高原的湿地遍布各处，但在热闹的拉萨城边也有一块湿地，据说还是世界上海拔最高、面积最大的城市天然湿地，就真是不容易了。拉鲁湿地总面积6.2平方公里，平均海拔3 645米，属于芦苇泥炭沼泽。原来路过几次，这次带了长焦镜头，可以拍鸟。队里很多人都响应我的建议一同去拉鲁湿地，两辆车去保养维修前先送我们过去。走到湿地的西界，全被铁丝网围挡，再打听，南面中央才是正门。可是开车过去才知道，湿地是不开放的，现在这里是国家级自然保护区，一律禁止非经事先批准的外人进入。我们只能在排水渠的外边远远地观望，可以见到湿地里的植物茂盛，生机盎然、郁郁葱葱。鸟儿很多，除了飞来飞去的斑鸠、戴胜、百灵、伯劳和山雀，还看到几种水禽：常见的绿头鸭（*Anas platyrhynchos*），以及不太常见的赤膀鸭（*Anas strepera*）和骨顶鸡（*Fulica atra*）。

赤膀鸭的整体颜色看起来发灰，头棕尾黑，嘴也是黑色的，所以叫赤膀鸭这个名字有些奇怪。骨顶鸡倒是名正言顺了，它全身黑色，仅喙部和额甲是白色的，所以也叫白骨顶。骨顶鸡是典型的水禽，大多数时间待在水里，还会潜入水中在湖底找食水草，但要飞起来却比较费劲，需要在水面上扑腾很长的距离。当然，骨顶鸡的名字也有让人误解的地方：虽然名字里有个"鸡"字，实际上它在动物分类上属鹤形目，并非鸡形目，与鸡的亲缘关系很远。

6月30日，继续一直的好天气。昨晚还是睡得不好，迷迷糊糊，似睡非睡，到早上4点就彻底醒了，但整个白天的精神似乎没受影响，尽管中午也没有睡着。再放松调整一天，于是按计划去色拉寺走走看看，这是藏传佛教格鲁

阿里纪行

流经拉鲁湿地的水渠

拉萨拉鲁湿地

绿头鸭（雄）　　　　　　　　　　　　绿头鸭（雌）

派六大寺院中我去过的第五个，就剩下最容易去却四过而未入的塔尔寺了。

明永乐十七年，即公元 1419 年，色拉寺由宗喀巴的弟子绛钦却杰兴建，其全盛期寺中有僧众 9 000 余人，规模略小于哲蚌寺。色拉寺的风格跟黄教的其他寺差不多，色彩明快的装饰令人赏心悦目。尽管东侧一半正在维修，但开放的一半仍然很值得欣赏。一进寺就发现人流拥挤，往外走的小孩鼻子上都涂黑了。一问才知道是这里的习俗，据说可以治儿童哭闹。少数妇女也有这个标记，据说它的另一大法力就是消除烦恼。色拉寺内大殿和各扎仓经堂四壁保存着大量雕塑和壁画，最著名的塑像就是大殿里的"马头明王"像，信众会把头伸进一个小神龛里面，用头触碰它的基座。

色拉寺的名字已经够浪漫了，它在藏语里是"野玫瑰"的意思。高低错落的花岗岩石砌建筑、五彩斑斓的墙面装饰，还有窗台走廊上灿烂艳丽的花朵，在蓝天白云和绿树苍山的映衬下透露出一种明快欢乐的氛围，让人想象不到这是一座有近 600 年历史的古寺。狭窄幽深的巷道通向僧人的居所，陡增浓郁的生活气息，与庄重肃穆的经堂形成鲜明的反差。寺里到处都是野狗，而岩鸽和斑鸠在金顶上翻飞，它们也惬意地融入这图画之中。

寺就在山脚下，而后面高高耸立的山上还有黄色的庙宇，一般人是没有体力爬上去的。但能站在色拉寺顶已经足够了，因为可以一览拉萨全貌，看着布达拉宫升起在城市上空，让人感受到了其神圣庄严的气势。

下午租用的两辆车开来了，跟达瓦和土登签了租车合同，然后装车。土登看起来跟达瓦刚好相反，瘦小的个子，透着一脸的机灵。他在内地江苏常州的西藏班上的中学，所以汉语说起来字正腔圆，还颇具幽默感。土登的全名是土登加措，达瓦的全名是仁增达瓦，刚跟他们接触就感觉到是两个很好的人。普通藏族人没有姓，名字一般是四个字，为了方便，人们常用两个字来简称，叫前面两字如土登或后面两字如达瓦都可以，也有人用第一、三个

色彩明快的僧房（色拉寺）

字简称，如"单增曲扎"简称"单曲"，好像没有什么规律。他们的名字都有一定的含义，寄托自己的思想感情，堪称丰富多采，如达瓦的意思是"月亮"，土登的意思是"佛教"。

万事俱备，我们明天将从拉萨出发西行。我们不仅在地理上从西藏自治区首府向遥远的阿里地区进发，从地质上来说，我们在拉萨地块上也是从中心向边缘横越。拉萨地块位于班公 - 怒江缝合带和雅鲁藏布缝合带之间，北面为羌塘地块，南面为喜马拉雅地块。印度次大陆与亚洲大陆的碰撞是地球在显生宙期间所发生的最重要的造山事件之一，它形成了世界上最高的高原——青藏高原和规模最大的造山带——喜马拉雅造山带。拉萨地块和羌塘地块的地质记录表明它们与印度次大陆一样都源于冈瓦纳古陆（这是大陆漂移学说推测存在于南半球的统一古大陆，也称南方大陆，它因印度中部的冈瓦纳地区而得名，包括今南美洲、非洲、大洋洲、南极洲、印度半岛、阿拉伯半岛和喜马拉雅山等地区，在中生代开始解体），晚古生代后依次与欧亚大陆相拼接，古特提斯洋与新特提斯洋（特提斯洋即古地中海，是一个中生代时期的海洋，位于冈瓦纳

色拉寺幽深的巷道

远眺布达拉宫

大陆与北方大陆之间，根据希腊神话中的海神特提斯命名）分别在两者之间及拉萨地块以南生成。我们在拉萨附近观察过的林子宗火山岩形成于古近纪，被认为代表了从新特提斯洋俯冲消减结束过渡到印度 - 亚洲大陆碰撞过程的产物，其确切的时代对于判断印度 - 亚洲大陆的碰撞时限具有重要意义。离开拉萨后，我们将沿着雅鲁藏布，也大致是雅江缝合线前进，直到拉萨地块的西端，然后向南翻越阿伊拉日居山到达喜马拉雅地块上的札达盆地。

林子宗火山岩覆盖在白垩纪海相沉积物之上

雄伟的冈仁波齐峰

2. 雅江溯源

雪顶破寒空，风吹霰雾浓。
路人行驻足，香客望惊瞳。
野阔驴尘疾，天高鸟影穷。
马年弹指近，可待再相逢。

——冈仁波齐峰

　　2012 年 7 月 1 日清晨下着雨，但 8 点钟装车并没有受到什么影响，车几乎就停在招待所的门厅前。昨夜睡得很好，原因是吃了一粒安眠药。因为今天要走长途，海拔也会升高，没有睡好会不舒服。8 点半早餐，达瓦和土登也来了，9 点钟准时出发。

　　这条路走过多次，但过曲水以后只走过一个来回，就是第一次来西藏时。后来因为修路没再走过，而是从羊八井那边绕道到大竹卡。现在路终于修好了，是宽阔的沥青路面，穿过雅江峡谷地段两边的悬崖也用钢丝网固定，极大地减小了塌方的威胁。看着那些建在峡谷地带高陡冲积扇上的村庄，虽然似乎相当稳固，不仅有持续的水源，而且已经绿树成荫、田地环绕，但仍然替他们担忧，觉得泥石流的危害实际上是高悬着的达摩克利斯之剑。

与公路平行的是拉萨到日喀则铁路（以下简称拉日铁路）的建设工地，有许多隧道和桥梁，几乎没有在平地铺设的地段。拉日铁路在 2010 年 9 月 26 日正式开工建设，全长 253 公里。线路从青藏铁路的终点拉萨站蜿蜒而来，跟我们行驶的公路几乎并行，首先沿拉萨河南岸而下，经堆龙德庆和曲水后，折向西并溯雅鲁藏布而上，穿越长度近 90 公里的雅江峡谷区。我们正是在这一地段看到拉日铁路建设的艰巨性，因为峡谷两岸高陡，公路也常因为塌方和泥石流而中断，所以铁路为保证安全持续的通行，只好采取人力物力花费巨大的隧道方案。雅江北岸盆因拉隧道一个接一个的施工横洞不断出现在公路上方，因为隧道的长度超过了 10 公里，其难度可想而知。同时，我们也感受到了西藏发生的巨大社会变化。就在雅江峡谷中，咆哮的江水打消了任何想用舟楫航行的想法，从前只有南岸的险峻小道连接拉萨和日喀则两个西藏的重要城市，但今天北岸的沥青公路整洁宽阔、车水马龙，而铁路正在日夜不停地施工中。

交通条件日新月异的发展也为我们的考察工作带来了显著的便捷。在拉萨到日喀则的公路上，大竹卡是一个交通要道，因为这里的过江大桥连接 304 省道、通向青藏公路的重镇羊八井。从拉萨向西，到大竹卡通常是中午时分，因此这里也是一个午餐休息的恰当地方。我们也每次都在大竹卡停留，特别是河对岸有一座金碧辉煌的庙宇，是苯教的雍仲林寺。虽然此前一直没去过，但遥望到它也让人赏心悦目。当然，我们到这里还有重要的工作。雅江北岸

与雅鲁藏布相伴而行

拉日铁路工地

纵深处的南木林县乌郁盆地在 20 世纪 70 年代进行的中国科学院青藏高原考察中，由中国科学院南京地质古生物研究所（以下简称南古所）的古植物学家发现了高山栎等中新世中期的化石，后来对这些化石又有进一步的深入研究。我们也到这个盆地工作，希望能有脊椎动物化石的发现。

古脊椎所的考察队在 2004 年就对乌郁盆地进行了踏勘，发现一些鱼类化石的线索，那时他们住在自己搭建的帐篷营地里。2013 年 8 月我们来到这里开展工作，现在的公路条件比那时好多了，虽然 304 省道仍然是砂石路面，但每天都有道班的工人在维护，所以我们可以不扎帐篷，就住在大竹卡的小旅店里。不过，这个小旅店确实是个大车店，仅仅提供给偶然留宿在此处的行车人员随便过一夜，最大的困难是无水无电无厕所，卫生条件很差，夜里不停地有大货车轰鸣而过。也正是得益于交通条件的改善，我们可以住到日喀则市内，因为从大竹卡到日喀则的 80 公里路程现在只需行车 1 个小时，这样考察队的队员可以在夜里更好地休息，也能洗上一个热水澡。饱满的精神让我们在乌郁盆地取得了预期的收获，又发现了不少鱼类骨骼化石。

说来很有意思，南古所在 1979 年发表的乌郁盆地研究报告中，含植物化石的中新世地层被命名为乌龙组，并清楚地记述化石地点在乌龙村西乌郁玛曲西岸的煤系地层中，最厚的一层煤达到 1.46 米。不过，后来的地质图说明书采

304 省道旁的风景

夏季的乌郁盆地一片葱绿

用了 1973 年命名的芒乡组来指代这套地层，而一些论文中又称为乌郁群的嘎扎村组和宗当村组，地质队报告却认为乌郁群是芒乡组的上覆地层，嘎扎村组中也夹煤线并含植物化石。我们必须要找到乌龙村的化石地点，但问遍了当地人，没有任何人听说过"乌龙"或相近发音的村子，在各种纸质或电子的地图和地质图上也无这个村子。我们找到了嘎扎村，但地层与原来的描述明显不符。最后终于了解到，几十年前曾经在地图上叫"欧布堆"、地质图上叫"旺布多"的村子西面的山上开挖过煤矿，我们才算找到了准确的化石地点。但当时为什么叫"乌龙"，是与"欧布堆"的发音接近吗？对我来说，至今还是一个谜。

　　7 月 1 日中午到达日喀则市，市内的变化更大了，但越来越像一座内地的县城，没有什么特点。人也增加了很多，到处熙熙攘攘。各种建筑和机构如雨后春笋般拔地而起，生活和工作条件都得到极大改善。比如，银行随处可见，而从前要取钱是相当困难的。我还记得一件有趣的事情，那是在 2004 年，考察队路过日喀则时需要取钱，我们带着银行卡，好不容易才找到一个取款机。那时每一笔只能吐出 500 元，当我正间歇着一叠一叠地从取款机中拿钱时，突然觉得身后有些异样。回头一看，一大群人密密地围着我，好奇地看着我

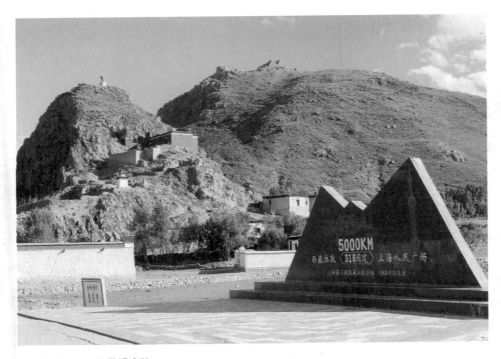

318 国道 5 000 公里纪念碑

本书作者和冯文清（右）在 318 国道西藏段（侯素宽摄）

像从百宝箱中变戏法一样变出一堆钱来。考察队的其他人在远处的车上，就我一人来取钱，我有些害怕，不敢再取，赶忙拿着钱跑回车上去了。

继续前往日喀则地区的拉孜县，路很好，一路上也在识别着记忆中的景物，感到的变化是只有少数地段随着公路的改道，熟悉的画面出现在路的不同方向。一个特别的点就是热萨乡强公村，里程碑记录从318国道起点上海市人民广场到这里的路程恰好是5 000公里。拉孜是西藏的交通枢纽，因为318国道的中尼（中国 - 尼泊尔）公路与从新疆叶城而来的219国道（新藏公路）在拉孜县城西侧的查务乡相接。

318国道是目前中国最长的国道，从上海市人民广场到西藏自治区聂拉木县樟木镇友谊桥的全长是5 476公里。有意思的是，我们课题组的一辆越野车的号牌是京LH5238，2013年到聂拉木的达涕盆地考察时走到了这条路的终点，而在里程碑5 238公里处我和冯文清与车拍了一张合影。中国第二长的国道312线只有4 967公里，因此在其他任何地方都没有5 238这个公里数了！小冯为考察队提供重要的技术支持，正是他在2006年跟随王晓鸣一行首次驾车挺进札达盆地。

下午稍晚的时候到达海拔4 012米的拉孜县城。拉孜的藏语含意为"神山顶"，也就是"光明最先照耀之金顶"，以前投宿此地早起看日出时见过这一奇观。这里处于雅鲁藏布上游的宽谷，历来有"后藏粮仓"之称，可以看

翻越山口的之字形道路

到拉孜县城以北全是田地和村庄，一派欣欣向荣的农区景象。

我们住在一个藏式院落的旅店，现在的条件比以前来时有了很大的进步。藏式传统建筑有着十分独特和优美的形式与风格，呈现出古朴、神奇和粗犷的美感。从石头砌筑碉房的外观上看，下宽上窄的收分墙体和褐红色的边玛草墙顶引人注目。进到室内，由木梁和斗栱组合而成的柱网结构坚固稳定。印象最深的是华丽的装饰，综合地体现了西藏地区的宗教和文化传统，其构图以平衡、对比、韵律、和谐与统一等形式展示了藏族同胞的审美情趣，艺术造诣深厚，技术水平高超。挂置经幡、法轮、经幢、宝伞等布块和铜雕的屋顶，雕刻和彩绘的柱头，繁复装饰的门窗，都是藏式传统建筑艺术的集中表现，让一座乡村旅店也变得流光溢彩、富丽堂皇。

拉孜藏刀一向有名，不过我不是这方面的爱好者，没怎么关心过。只是跟我们的藏族司机去过一次孜龙村的国家级非物质遗产传承人的家庭作坊，发现慕名而来的人很多。藏刀是西藏众多工艺品中最具代表性的一种，具有生产、生活、自卫、装饰四种效用。据介绍，拉孜藏刀的手艺最早传承自公元一世纪止贡赞普在位时期于雪域兴盛起来的刀剑铸造技术，其短刀具有火镰和吸铁敛钢功能，长刀则可当作篷杆、扁担、拐棍和放血疗法刺器等使用，这在古代是一件好用的多功能器械，可以媲美现代的瑞士军刀了。

7月2日天气晴朗。我们还是比拉孜的当地人起得早，昨天已经跟街上

的四川饭馆预定好，8点钟时给我们准备好稀饭和馒头，而土登和达瓦还是习惯将他们的糌粑当藏式早餐。"糌粑"是藏语青稞豌豆炒面的译音，它是藏族同胞天天必吃的主食，并不是一种其他民族的"粑"。我也觉得糌粑不错，只是没学会怎样用酥油茶或者青稞酒拌和后捏成小团来食用。

离开拉孜的这条路2004年我们走过，只不过路面已全部改建完成。两旁的景物依旧，地里面是浓绿的青稞。我还记得那个在夕阳中拍下的湖面，只是没能肯定哪一个小村庄有上次投宿的温泉小店，但认出了上次吃午饭的地方。就这样一直向西，翻过几个海拔将近5 000米的山口，坐在车里面没有觉得什么不适，下去走几步也很正常。很高兴的是在路边看见了两只黑颈鹤，它们在草甸上骄傲地漫步。

中午到达海拔4 400米的萨嘎县城，这是我自己以前在西藏走到过的最西面的地点。据说雅鲁藏布上已经不用渡船，新建起了桥梁，但我们只是在街上匆匆吃了饭，没有时间到江边去看。萨嘎的藏语意思是"可爱的地方"，不过我们到达时县城因为修路被挖得乱七八糟，看着却一点也不觉得可爱，而是有些烦躁。进县城之前还遇见一对租车自驾的男女，车坏在了路上，正愁得不知如何是好，我们把两人搭载到了县城的修车铺找人前去营救。

离开萨嘎继续西行。下午坐车总是特别热，太阳照在车厢里，放在前窗玻璃边的一瓶水都被晒得可以泡茶了。5点钟到达仲巴新县城，海拔4 772米，

安静吃草的藏羚羊

沙丘与雪山夹持下的雅江

比拉孜高了不少。仲巴在藏语中意为"野牛之地"。老仲巴在新仲巴东面20公里处的扎东，因为风沙侵袭的原因，已于1986年废弃，现在是一片破败的景象。虽然时间还早，但再往前差不多100公里才有一个小镇帕羊，据说住宿很困难，所以我们就在仲巴停下了。新仲巴是一色的水泥房子，没有什么西藏的特色。它的条件看起来跟在拉孜差不多，但没有自来水，每个房间用水桶供应一点，凑合用，至少其他方面都还不错。

　　7月3日的早上很冷，可能是阴天的原因，我把羽绒服拿出来穿了一阵。我们还是比较早地起来，仲巴街道上只有我们联系好的一家店特意开着，其余的都还关门闭户。清晨的草原上静悄悄的，植被都是黄色，不知是还没有绿，还是已经绿过了。改造完成的公路引得大家不断地感叹，因为这么好的路却没有多少车。路一直顺着雅鲁藏布延伸，可以望见这一段的江面非常平静。

　　我们下车来到一处观景平台拍了照片。虽然天气寒冷，但这里已聚集了大批路过的旅客，谁都不会错过欣赏美景的机会。江边高耸着入云的雪山，而江岸是湿地和沙丘。雅鲁藏布是西藏最大的河流，又是世界上海拔最高的大河，它就发源于仲巴县境内、喜马拉雅山北麓海拔5 590米的杰马央宗冰川。青藏高原被形象地称为亚洲水塔，阿里地区也是这水塔的一部分，因为所谓的四大神水中，东流的马泉河是雅鲁藏布的源头，北流的狮泉河和西流的象泉河孕育了印度河，而南流的孔雀河汇入恒河。

　　路上不断看见动物，藏族同胞虔诚的信仰让雪域的野生动物逃过了被猎杀的命运，依然自由自在地游荡。一路上的景物都很引人入胜，典型的高原动物全见到了，如藏羚羊（*Pantholops hodgsonii*）、藏原羚（*Procapra picticaudata*）、藏野驴（*Equus kiang*）和岩羊（*Pseudois nayaur*），这次拍下不少清晰的照片。其中有一大群藏羚羊全是母羊带着幼仔，但幼仔们已经长到很大的体型了。看见一匹藏野驴欢快地在沙坑内打滚，真是有趣，因为这是真正的"驴打滚"。岩羊则是我以前从未见过的，跟在照片上了解到的特征完全一致。

中午在玛旁雍错北岸的小镇霍尔午餐，这里有四川省宜宾市长宁县的老乡开的饭馆。看见店里有干鱼，据说是湖中的波浪冲上来的死鱼。因为玛旁雍错被视为"神湖"，而在神湖里是不能打鱼的，我们便向店主要来做标本，以便与在高原上发现的鱼类化石进行骨骼对比。

见到神湖玛旁雍错，神山冈仁波齐峰还会远吗？冈仁波齐在藏语中是"宝贝雪山"的意思。这里是朝圣之地，一路上看到不少印度人。用"遗世独立"来描述冈仁波齐峰再贴切不过了，那金字塔形的雪顶无不让人油然而生敬意，对古代的民族来说更觉得一定有神秘的力量。于是，苯教、佛教、耆那教、印度教都把它作为世界的中心和膜拜的圣地。印度教还认为其三位主神中法力最大、地位最高的湿婆就住在这里，而印度河和恒河的上游都在此发源。印度创世史诗《罗摩衍那》以及藏族史籍《往世书》和《冈底斯山海志》等著述中均提及此山。从这些记载推测，人们对于冈仁波齐峰的崇拜可上溯至公元前 1 000 年左右。

对于冈仁波齐峰的形态，我在图片上不知看过多少次，因此再熟悉不过了。但我是第一次亲临其境，依然非常激动，至少从三个角度拍了不少照片，

惬意的"驴打滚"

神湖玛旁雍错的膜拜

考察队也在这里拍了第一张全体队员的合影。冈仁波齐峰被认为是冈底斯山脉主峰，其实它的海拔高度只有 6 721 米，是冈底斯山脉第二高峰，低于海拔 7 095 米的罗波峰。

冈仁波齐峰的峰体呈锥状，从地质上看，它的底部为燕山期花岗岩，其上为厚达 2 000 米的始新世砾岩和砂岩层。在东经 84° 左右，冈仁波齐峰所在的冈底斯山脉转为东西走向，山体渐宽，至东段宽达 100 公里。山脉中段因北西、北东两组构造断裂活动形成许多纵向块断山地和陷落湖盆或谷地，山形零乱、脉络不清。

一路上的景色都是干燥荒凉的样子，下午终于走到巴尔兵站，离开了通往狮泉河方向的 219 国道。这里是向南的分路处，立刻就翻越高高的阿伊拉日居山。实际上到札达的一百多公里路程要穿过好几座大山，几次都下到谷底又再盘旋而上。由于弯多坡陡，在紧张的心情中有时不免有些迷惘，常常在转过一个急弯或爬上一个陡坡之前，似乎觉得前面已经没有路了，但忽而又是意外的惊喜，因为预期下一段路会更险峻时，却突然已行驶在山顶的宽阔夷平面上。还有的时候，下山途中好一阵都因为视角的原因看不见前面的路，平视前方，我们仿佛与天上的云在一个平面上，车子似乎是在天空翱翔。

其实这条路是进札达的老路，路程比较远，全长146公里，后来修建的新路是在更西面的那不如村向南拐进札达，路程更短。不过，现在老路已全部改建成三级柏油路面，而新路还是砂石路面，所以大家都不怕长一点、高一点而走老路。经过了

等待通过检查站

检查站，终于看见土林独特的地貌，地层非常壮观，知道到札达了。

到县城里没找到正规的旅店。本来是有几家，说要接待县里的会议参加人员，只能让我们住一晚。于是我们找了一家重庆人开的小旅店，看起来比较干净，也不贵，每人每天50元，就住下了。吃饭是在四川小饭馆，只有四张桌子、一个灶头，做菜很慢，吃完饭已过10点。

从巴嘎村眺望神山冈仁波齐峰

远眺札达县城托林镇

3. 托林周边

石屋深藏翠麦溪，牛羊自在牧人稀。

尘封洞窟描千佛，信仰绵延不绝期。

——柏东坡

    2012 年 7 月 4 日天气晴朗，已经感觉到特别炎热，昨晚吃饭时我都是穿着拖鞋去的。虽然早上 5 点就醒了，但昨夜没有吃安眠药，应该算不错，实际上到札达后已经没有什么高原反应了。由于时差的关系，8 点钟时札达全县还在睡梦中，而我们就已经出发去化石点了。

    札达的县城是托林镇，就是托林寺的所在地，位于象泉河（藏语称朗钦藏布）的阶地上。县城后的土山上有密布的洞窟和佛塔废墟，显然是古格王国留下的遗迹。最近就在山上被称作"札让喀沃玛"的古格城堡遗址的废弃洞窟中发现了珍贵的古藏文历史文献残卷，是几十页佛经残篇和几本文书残纸，其中一部分简略记载了公元前 2 世纪吐蕃第一代国王聂赤赞普至 9 世纪末代赞普朗达玛的王统世系，另一部分较详细地记载了 10 世纪吐蕃王室后裔吉德尼玛衮来到阿里建立政权至 11 世纪下半叶古格王统的历史。

因为托林寺之故，托林在新中国成立前曾是阿里地区的宗教文化中心，但占地面积就是托林寺周围大小，人口只有约 120 人。托林镇现在的占地面积虽然已扩大到 0.3 平方公里，不过常住人口也不过 600 人。托林只有一条主要街道，不时有突突作响的拖拉机和优哉游哉的牛羊来往穿梭，显现出乡村的景象，与内地的县城不可同日而语。

我不懂藏语，却总是很好奇西藏每个地名的来历和含义，但有些时候也迷茫了。比如札达，有解释说其含义是"下游有草的地方"。问了土登，他也说不清楚。不过一查来历，其实这里原为札布让宗和达巴宗属地，1956 年 10 月两宗合并，设立札达宗办事处，1960 年 5 月建立札达县，显然"札达"是个新词，也许是两字重新组合后的新解释吧。

札达县城的海拔高度只有 3 760 米，可以看到杨树和柳树，这在平均海拔 4 500 米左右的阿里地区真是难能可贵，所以没有高原反应是很正常的事。终日不停的风吹过，树林总在哗哗作响，夹杂着麻雀的啾鸣。这里的麻雀是家麻雀（*Passer domesticus*），最大的特点是具有显著的性二型，不同于我国东部地区的树麻雀（*Passer montanus*）。

在地质构造上，札达盆地位于拉萨地块与喜马拉雅构造带接触部位。雅江缝合带沿盆地北缘阿伊拉日居山通过，晚新生代以来喀喇昆仑断裂在阿伊拉日居山南北缘贯通，札达盆地南缘为特提斯喜马拉雅山及藏南拆离系。盆地东西长约 140 公里，南北最大宽度为 50 公里，盆地呈向西开口的喇叭状。盆地内的新生代地层近水平产出，超覆于盆地基岩侏罗 - 白垩系变质砂岩之上。地层出露厚度在盆地南缘达到最大，约 800 米左右，下部为快速堆积的含砾

家麻雀（雄）

家麻雀（雌）

砂岩夹薄层泥岩，中部为砂岩与泥岩、泥灰岩互层，上部为巨厚砾岩与薄层泥灰岩、泥岩互层。象泉河从盆地穿过，切开了重重地层，形成大面积的露头和优良的剖面，成为研究青藏高原新生代沉积的有利地点。

新生代年表

地质年代		下限年龄（距今时间）
第四纪	全新世	1 万年
	更新世	259 万年
新近纪	上新世	533 万年
	中新世	2 303 万年
古近纪	渐新世	3 390 万年
	始新世	5 600 万年
	古新世	6 600 万年

札达盆地最低处约为3 600米，盆地北部的基岩山地海拔5 000～6 000米，属于侵蚀剥蚀高山地貌，在主脊线附近仍有少量现代冰川分布；盆地南界为喜马拉雅山脉的基岩山地，海拔在6 000～7 000米以上，属于侵蚀剥蚀极高山地貌，在主脊线附近有现代冰川发育。

开始—天的工作

我们乘坐的车差点变成潜艇（李强摄）

7月4日是第一天考察，地点离县城不远，在象泉河右岸的阶地上。朝阳刚刚越过山峦，倾洒在建于20世纪90年代的札达水电站上，使腾起的水雾闪烁在河谷中央。越野车驶过象泉河大桥就拐向上游方向，在满地的鹅卵石上艰难前进。几位司机师傅尽量找路，以便离化石点更近，但在阶地陡崖下还有深切的沟谷，车就只能停下了。我们自己向上攀登，虽然高原反应已经过去，但要爬上高差超过百米的悬崖仍然要在中间休息几次。

象泉河及其众多的支流在札达盆地的新生代沉积甚至基底的中生代灰岩和砂岩上切出深谷，同时发育最多超过20级的阶地，最高阶地与象泉河谷的高差接近1 000米。托林镇附近的象泉河谷阶地可达10余级，形成宽阔的平台，其上的堆积物大多由具二元结构的砂砾石层与上覆的砂、粉砂和粘土组成。

札达的砾石层在恢复盆地的演化史方面有重要的意义。盆地内的新生代沉积物可分为几个构造沉积旋回，每一旋回都以辫状河沉积的砾岩层开始，然后演变为曲流河沉积的砂岩层，再逐渐过渡到湖相泥岩。旋回沉积特征和地层变形反映了本地区从晚中新世以来处于挤压状态，并有强烈垂向运动，为青藏高原在最近几百万年来的持续隆升提供了依据。

壮观的札达组土状堆积

　　今天工作的这个地点在 2010 年的考察中由张春富发现了属于一个西藏披毛犀个体的骨骼化石，当时取回去 7 件标本，主要是大型的肢骨，但没有时间完成全部发掘。春富当时是美国佛罗里达州立大学的博士研究生，师从王杨教授，从事稳定同位素与古环境的研究，他目前在美国堪萨斯州的海斯堡州立大学地质科学系任教。实际上，上一次的工作做得很好，重要的标本都已带走，并把剩下的部分充分加固后暂时回填，还在地面上用石块围成一个个的圆圈作为注记。这个地点没有人来，由于没有植被，牛群羊群也不会走到，因此前年做的标识还原封不动地保留着。我们这次希望全面清理，把能发掘的标本全部带回去。一开始重点清理头骨部分，当时福桥揭开鼻骨上的沉积物后，清楚地呈现出骨化的鼻中隔，明确指示这具犀牛属于西藏披毛犀。福桥是我们考察队的老队员了，但年龄并不老，不过由于他的头发胡子全白，我们都风趣地叫他"时大爷"。他不仅担负发掘的重要技术工作，还是一名优秀的驾驶员。

这次发现了 8 根肋骨、一个颈椎和一个胸椎，然后是一个头骨的残余，主要是鼻骨部分。我们打了石膏套，全部取出来。不过，我们还是觉得来晚了 10 年，因为头骨保留在岩层中的那一半是完好的，但暴露在外的另一半已经风化消失殆尽了。根据剥蚀的速率，10 年前这个头骨应还是完整的，骨架的更多部分也应该还在原地。

王宁、吴飞翔和颉光普他们四散寻找化石，发现不少，每个人返回时都带回来一大包，其中有不少重要材料。王宁还发现一串连在一起的大型椎体，这是非常沉重的标本，他也不畏辛苦地背回来了。我也在发掘西藏披毛犀化石之余，无意中找到一件保存很好的犬科动物下颌骨，说明这里的化石非常富集。

天气很热，在发掘地点一整天都暴露在强烈的日光下，涂上防晒霜、戴上草帽也不顶事，最后还撑起了伞。然而，就在午后，我们首先看见西面的札布让方向逐渐堆积起厚重的乌云，显然一场骤雨正在酝酿。此时乌云的中心已经低垂到地面，轰隆隆的雷声传过来，白色的闪电在黑色的背景上划出一道道不规则的线条。一开始我们觉得乌云的运动速度似乎很慢，还影响不到我们的发掘现场。但很快对面的札达县城也笼罩在一片雨雾之中，我们意

在象泉河岸的发掘

雨后彩虹（李强摄）

识到马上就要朝这边袭来。果然，一阵急雨横扫过来，雨点又大又重地砸在身上，我们连忙跑到陡崖边尽量贴壁而立，这样可以减小一些受淋的面积。不过，又有些担心泥岩的崖壁会不稳固，而崖顶还有大量砾石可能被雨水冲刷下来。幸运的是，什么危险都没有发生，这一阵风雨来得快也去得快，顷刻又烟消云散，没有影响我们的工作，反而是继续的太阳蒸烤。

　　将中午带的馒头和牛肉很快吃完就继续工作，所以下午收工时，已经满载而归。而要把沉重的标本搬下山，也不是一件轻松的事。回到旅店，其他人都急着去洗澡，但我还有点保留，主要是不知水温如何，担心感冒。他们回来都说好，这样我明天就可以去了。

　　在随后的几天里我们到离县城更远的地方工作，直到 7 月 11 日再次返回托林镇附近，因为我觉得第一天发掘的象泉河北岸是一个化石富集的地区。这个地点离县城很近，实际上就在河对岸。靠近河岸也是几级阶地，非常宽阔，与县城一侧相同，甚至更宽广。

　　这是多云渐晴的天气，温度没有前几天那样高。车把我们送到阶地下，然后我们徒步向上攀登，这个过程很花时间，因为阶地上还有很多深切的沟谷。

到达第一个工作地点，地面满是风化成半球形的砂岩，仿佛扔了一地的馒头，还排列得很整齐，化石就散落在这些"馒头"之间。

这里的地形被侵蚀成几个平台，每个平台上都有化石发现。最先是西北大学的李杨璠大喊大叫地从山坡上连滚带爬地冲下来，手里挥舞着一块化石，听得见他的喊叫是："我找到三趾马了！我找到三趾马了！"他说看见有一大片散落的骨骼，不只他手上的一块。于是我们跟随杨璠爬上高一级的平台，果然，随着悬崖崩塌暴露出来的化石应该是属于同一匹三趾马个体。我们赶紧开始采集每一件化石，虽然有些小的部分（如腕骨和跗骨）已经滚落在很远的地方，但都尽可能地找回来了。

今天最重要的发现是侯素宽找到了一支古麟的角，它还带有一部分头骨，这件化石的发现解决了一个重大的疑问。在中国科学院20世纪70年代组织的青藏高原考察中，1976年曾经在札达盆地北部的香孜农场地区发现了一件原始长颈鹿类小齿古麟（*Palaeotragus microdon*）的右上颌骨化石，但只有一排磨蚀严重的齿列，其他特征不清，因而引起人们的怀疑。现在小齿古麟角的发现证明它确实存在，而我找到的一枚跟骨也与古麟匹配。古麟的角很特

满地"石馒头"

别，就是在末梢有一个磨蚀面，一直没有合理的解释这是怎么形成的，而步林（Birger Bohlin）的解释是当武器用。我还记得瑞典乌普萨拉大学进化博物馆的古生物展厅墙上挂着一张古麟用角刺穿一条鬣狗腹部的想象绘图，那极有可能就是步林的作品，至少是他的创意。很巧的是，发现小齿古麟标本的小侯正在邱占祥院士的指导下研究长颈鹿化石，而中国的长颈鹿化石非常丰富，尤其是在山西省忻州市保德县、陕西省榆林市府谷县和甘肃省临夏回族自治州等地的三趾马动物群中，小侯已经有很多相关资料的积累。

上午是多云天气，还比较凉爽，在山上不太难受。中午过后就转成晴天，阳光非常烤人，加之下午去的地点化石也不如上午多，难免让人倦怠。我们与车队约好在 5 点会合，于是 4 点开始下山。台地很陡，下山也不轻松，最后到达公路，高伟他们已按时来接了。到车上就可以放松一下，不仅是腿脚放松，还可以听听音乐。我们 4 辆车上的音乐各有特点：达瓦放的是藏族歌曲，福桥喜欢民歌，土登全是流行音乐，而高伟下载了长篇评书，考察队员可以根据自己的喜好选坐他们的车，我觉得在车上还是听流行歌曲比较合拍。

7 月 12 日，多云。昨夜就觉得头痛，早上起来更明显，吃了止痛药，白

天然的塔林

柏东坡村后有石窟的山丘

天控制住了，但到晚上药性消失，又痛起来。我决定不再吃药，看看能不能自愈，而我相信能自愈。

今天的地点还是在象泉河北岸，但比昨天的要远得多。沿进札达的公路返回往巴尔兵站方向，可以一直上行到整个札达新生代沉积物的顶部。这里是一个平台，可以看见藏原羚活动，但草地全是枯黄的。平台有一条土路伸向象泉河方向，逐渐下到谷中。道路非常险峻，坡度很陡，弯度很大，路面很差，最后下到沟底。不过，即使在这样险峻的路上，对土登和达瓦来说，有些原则是不能马虎的：有个地方在沟边耸立着一块危岩，上面是一个飘动经幡的玛尼堆，于是自然形成一个环绕的"转盘"，一侧路好一点，一侧相当难走，但他们坚持按照黄教的仪轨顺时针绕过而不挑边走。

在这个偏远的山谷中竟然有一泓清流，淙淙地在乱石中奔腾跳跃。有水，就有村庄，也有古格的洞窟遗址。村庄的发音接近"白度母"，当然，实际上并不是这个意思，地图上的音译是"柏东坡"。有意思的是，在象泉河的南岸有一个村叫"白东波"，发音很接近，不知是否有同样的语源和典故。我们把车停在村里，然后沿着青稞田向下游走，后来又遇到一条水渠，已被废弃，但可以平着走路。这里有基岩出露，依以往的经验这往往是化石富集的地方，

苍翠的谷底

可能是当时的湖岸或小岛，但这次在紧邻的札达组中没有找到化石。

我有些乏力，先返回村里。沟谷的灌木丛和草地上有许多鸟，就拍了不少，有朱雀、黄鹡鸰、金额丝雀、赭红尾鸲（*Phoenicurus ochruros*）等。朱雀的一身赤红，在灌木丛中显得非常突出，尤其是头、胸、腰及翼斑的红色特别鲜亮，当然，这是雄鸟的俏妆。而朱雀雌鸟就朴素多了，完全对不上朱雀的名称，因为她们的羽毛上没有红色，上体是清灰褐色，下体几近于白色。朱雀的幼鸟更低调，似雌鸟但褐色较重且有纵纹。与其他朱雀种类相比，在札达看到的普通朱雀（*Carpodacus erythrinus*）没有眉纹。与鲜艳的体羽形成反差的是，朱雀身体的其他部分颜色是暗淡的，如虹膜呈深褐色，嘴为灰色，两脚差不多是黑色。喜马拉雅山区是普通朱雀的主要繁殖地之一，欧亚大陆北部和中亚的高山也是其繁殖地。它们在冬季时南迁到印度、中南半岛北部及我国南方。普通朱雀的飞行呈波状，很容易识别，不像其他种类的朱雀那样难以见到。

今天还拍到一只喜马拉雅鼠兔，而最后又发现了一家旱獭，后者属于青藏高原的特有种——喜马拉雅旱獭（*Marmota himalayana*）。旱獭的掘洞能力太强了，沟的对岸也有它们在活动，似乎其"地道"已经穿沟而过。旱獭们懒洋洋地在洞口晒着太阳，不时好奇地踮着后脚尽量站直了四下张望。它们看起来似乎行动迟缓，可一旦发现有人靠近，一眨眼就跑回洞中不见了。旱獭是啮齿动物中的另类，因其块头大，平均体重将近 5 千克，而其食量也非常大，平均每天要吃相当于其自身体重的禾本科、莎草科及豆科植物的根、茎、叶等；它们也吃一些碰巧捕到的昆虫等小动物。旱獭的洞内有铺草的居

普通朱雀（雄）

普通朱雀（雌）

黄鹡鸰（*Motacilla flava*）

金额丝雀（*Serinus pusillus*）

赭红尾鸲（雄）

赭红尾鸲（雌）

室，但其洞室虽多，却并不用来为冬天贮藏食物，而是在夏天拼命把自己催肥，冬天就在洞内睡大觉，靠消耗皮下厚厚的脂肪层越冬了。旱獭就像天然的宠物，其短粗的身体、蓬松的皮毛、肥胖的四肢、宽大的尾巴特别招人喜爱。不过，也只能是看看了，因为旱獭是鼠疫的主要传播者，一般人是不能直接接触它们的。

虽然形态与我们常见的松鼠相差很远，但旱獭在分类上却是松鼠亚科中的一个族，目前已知包括 11 个属，共有 14 个现生种和 7 个化石种。我国旱獭化石较少，以前均发现于北方地区（包括北京、山西、吉林、辽宁和黑龙江等）的更新世地层中。王伴月研究员在 2004 年描述了在青藏高原东北缘的临夏盆地早更新世地层中发现的旱獭新种小旱獭（*Marmota parva*），这是首次在高原地区发现的旱獭化石，且为中国唯一的化石种，因为在中国其他地点发现的旱獭化石都属于现生种。

王晓鸣他们也返回了，而看见来了很多人，旱獭们全都钻进洞内再不出来。旱獭也许能分辨出生人，因为先前放牧的几位藏族妇女就在很近的位置，旱獭似乎熟视无睹，照旧站在洞口东张西望。

喜马拉雅鼠兔（*Ochotona himalayana*）

旱獭的一家

佛寺废墟（侯素宽摄）

　　光普说非常意外地见到了绘满佛教壁画的洞窟。他在甘肃省博物馆工作，除了是研究化石和地层的专家，对博物馆中丰富的佛教艺术品也耳濡目染，有很高的鉴赏能力。我看了小侯拍摄的照片，确实非常漂亮。这些千佛小像的每一尊均有圆形的头光和身光，但不知是什么时代绘制的。白东波村附近也有类似的石窟寺，有被称为"千佛堂"的礼佛窟，并有未绘制壁画的修行窟相伴，可能是 10 ～ 14 世纪古格早期的遗存。柏东坡石窟中的千佛是同样的风格，因此时代应该是一致的。

　　我们后来还专门去象泉河边观察过鸟类。那是在 2012 年 7 月 17 日，我和王宁去的。一到河边就听见一对红脚鹬在不停地飞不停地叫，显然这里是它们的巢区，想引开可能的危险。即使在阿里这样干旱荒凉的地方，只要有一点水，也会孕育出一片生机盎然的环境。浅浅的象泉河滋润了岸边的灌木丛，河边有泉水渗出，形成一片湿地，于是鸟儿们把这里当成了天堂。它们欢快地飞翔、鸣叫、嬉戏、追逐，在青草中搜寻食物，在高枝上宣布领地，在密

彩绘佛像（侯素宽摄）

叶间编织巢穴，在晴空里翱翔气流。河谷中回响着婉转的歌喉，闪耀着缤纷的色彩，一派明丽和谐的自然生态景象。除了红脚鹬，还有很多小鸟，如朱雀、蓝矶鸫、黄鹡鸰、黄头鹡鸰、柳莺都见到了。最高兴的是最后拍到了最清晰也最漂亮的红额金翅雀，是在我国只分布于新疆和西藏最西边的鸟儿。

暗绿柳莺（*Phylloscopus trochiloides*）

红额金翅雀（*Carduelis carduelis*）

朝阳中的古格遗址

4. 古格迷雾

古格岩围立国都，争城夺地战无输。

臣民十万耘稞麦，僧侣八千捻佛珠。

璎珞观音银眼亮，绫罗度母粉胸酥。

萧墙祸起屠兄弟，尽毁宫廷任旷芜。

——札布让

　　2012 年 7 月 5 日，天空晴朗，但有片片白云飘荡在碧蓝的天空上，不时洒下些许阵雨。虽然札达与北京有两个多小时的实际时差，但我们还是基本按照北京的作息时间行动，8 点去吃早饭，然后出发前往工作地点。今天的路线是到古格遗址的东沟，最后的探查结果实际上与古格就是同一条沟。

　　出了札达县城，向西往古格方向，然后在距札布让 4.5 公里处转向南面。这是一条砂石路，通往萨让。一路前行，从札达组深切的沟谷中逐渐上升到平台表面。这是札达湖盆最后消失的底部，满布砾石，一望无际，远处是白雪皑皑的群峰。我们到达平台边缘，这里的海拔有 4 400 米，然后下车，背上行装和干粮，徒步下到沟底。沟壁很陡，积满鹅卵石，非常滑，几百米的深沟用了半个多小时才到底部。

我们 8 人下去考察，3 辆车和 4 位驾驶员在平台等候，说好下午 5 点返回。从平台上能看到远处象泉河左岸的古格公路。我问为何不从沟口开车进入，王晓鸣以前尝试过，他的结论是：第一，古格是重要的文物保护单位，不允许车进沟；第二，沟里没有路，越野车也很难行进。我又建议我们结束后不上平台，而是顺沟而下，车到沟口接我们。但沟口有古格的收费处，从里往外也要买票，每人 200 元，所以这个方案似乎也不可行。

这里出露的地层也是札达组的砂泥岩，由于靠近象泉河支沟侵蚀的源头，所以土林的地貌还不太典型，缺乏高陡的岩柱，但地形也相当破碎，甚至形成天窗一样的崩塌空洞。我们开始分头搜寻化石，但由于这里可能是当时的湖心位置，见不到什么骨骼或牙齿的遗存。虽然以往的经验是靠近基岩的部分化石相对丰富，而这里的基岩突出，上下起伏，但在各个部分仍然没有发现可以采集的材料。实际上，最后的汇总结果是大家一共只找到一枚大型偶蹄类的蹄骨。

天气依然很热，阳光强烈，没有任何阴凉的地方。在烈日下吃完午餐，下午继续工作，还是没有发现。这里异常干旱，却还能看到蝴蝶，真是要感

札布让附近的地层

李强在涉水渡河（赵敏摄）

叹生命的顽强。平台上有藏野驴和藏原羚在活动，从沟底也可以望见它们在山崖边的剪影。

到下午3点，由于估计攀登几百米的沟壁要2个小时，我们开始返回。即便走20～30步就休息一次，依然很累。最后结果还不错，花费将近1个小时就上到平台。到这里才知道，李强他们5人已决定走到沟口去，我立刻安排两辆车先出去接他们。李强是我们课题组年轻的副研究员，从事小哺乳动物化石研究，而他更是野外的好手，是唯一参加了我们每一次札达考察的队员，发现了很多重要的化石标本。

晓鸣最后回到平台，累得够呛！土登载着我们返回，但在宽广的平台上没有什么可以作为寻找方向的地标。来时的车辙经过大半天时间，那些被车碾过后倒伏的野草又重新站立起来，因此无法识别，要回到土路上只能沿着大致的方向走。这时乌云聚结得越来越厚重，完全压低到就要接近草原的地面，终于在我们刚走到土路上时大雨倾盆而下，伴随着猛烈的狂风。这里的天气真是变化无常，我们亲眼观察到札达组的砂泥岩堆积在雨水冲刷下的剥蚀作用，这正是土林的成因。到达主要公路，另外两辆车接上从沟口出来的5人也会合了。

最后果然是要收门票，李强他们想绕到象泉河边也不行。路上的关卡说，不管去没去古格遗址，只要从这里过都必须买票。恰好我们有 5 人未去过古格，就说好 3 天内可以持他们买的票去参观。回到县城，雨却已经停了。今天觉得特别困，来了这么久都没有睡好过，所以吃完晚饭早早就上床休息了。

7 月 6 日，晴。由于 7 月 5 日意外地买了古格遗址的门票，于是今天就兵分两路，一路去达巴沟寻找化石，5 人一车；另一路去古格，7 人两车。我以前没来过，所以古格是一定要去看的。

我们去得很早，早到太阳还没有照到遗址上。虽然以前已从照片上了解过很多古格的图像，但当真实地看见它还是非常震撼。我们就在下面等待着，直到第一缕阳光投射到悬崖上，才开始向山顶上的宫殿攀登。山的下部有几座佛寺，保存了 10 世纪以来的精美壁画，但都相当残破，其中有三座大殿正在维修。山崖上有很多洞窟，那是僧人修行之处，洞顶被烟熏得挂满黑炭。

再向上攀登，道路已不可能挂在悬崖上。当时的人可能也觉得危险，于是就把通道开凿在山体内，在部分地方有天窗采光。不过总的来说不能舒服地通行，这有什么目的呢？我看主要还是故作神秘吧！走在这样的陡峭梯道上不免有颤颤巍巍的感觉，终于盘旋而上到达山顶。原来的建筑都只剩残墙

象泉河静静流过

已修复与未修复佛寺的对比（古格遗址）

断垣，在两座新近复建的房屋之下还有秘密地道通向山体下层的洞窟，更增添了传奇的色彩。

古格遗址的建筑都是就地取材的夯土墙体，可能当初表面刷有矿物颜料，就像现在修复的几座佛寺是暗红色的那样。但当墙体外表面的颜料风化剥落后，现在又重新回归本色，于是就与众土林融为一体，很难分清哪里是城堡，哪里是山崖。只有爬过这座300多米高的险峻土山后，才能对这个由洞穴、佛塔、碉楼、庙宇、王宫构成的古格王国"都城"有一个清楚的布局概念。这些洞穴

阳光照进洞窟（古格遗址）

密道面对荒凉（古格遗址）

多是当时的居室，高低错落地密布在山坡上，但大多数洞穴都开凿得非常粗糙，洞壁上也看不出曾经有过什么装饰。以前古格的居住有严格的等级制度：山顶上归达官贵族占有，山下是奴隶的栖身之地，山腰的洞窟则是僧侣修行的处所，但现在都荒凉破败，看不出有什么区别。

高处不仅不胜寒，还不胜累，尤其在海拔 4 000 多米的地方。虽然古格只是区区十万人众的小国，但它的国王为了显示其至高无上的地位，就愿意住在山顶上。虽说可以有奴仆背上背下，但山顶的弹丸之地兜一圈也就五分钟，最后随着战乱和纷争，只剩凄凄黄沙埋宫室。

古格王国的故事大家都比较耳熟能详了：阿里地区早在公元 4 ~ 5 世纪就已建立了象雄王国，在汉文典籍中被称为"羊同"，但在公元 644 年被松赞干布派兵征服，由此实现了吐蕃全境的统一。到吐蕃王朝末代赞普朗达玛时期，他对其父赤德松赞极力尊崇佛教非常反感，于是就反其道而行之，大肆灭佛毁寺，一些不肯放弃信仰的僧人只好远逃到荒凉僻远的阿里地区躲避。但佛教徒中也有不肯逃避而愤而起事者，最终朗达玛在公元 843 年被一位僧人刺杀，由此吐蕃境内大乱。平民也起来造反，导致曾经辉煌发达的吐蕃王朝很快就

易守难攻的地形（古格遗址）

土崩瓦解了。朗达玛的儿孙们也为争夺王位而自相残杀，他的重孙吉德尼玛衮见大势已去、无力回天，也只好带着少数人马逃难到阿里，靠着与当地头人的联姻而逐渐壮大，反客为主地统一了整个阿里。吉德尼玛衮后来把领地分封给三个儿子，这些领地就是所谓的阿里三围，即拉达克、普兰和札布让（即古格），其第三子德祖衮就是古格王朝的开国君主。到 17 世纪，古格已世袭传位到第 16 个国王，仿佛又是吐蕃历史的重演：1624 年，西方传教士到达札布让后，王朝发生内乱，于是国王之弟请同为一脉的拉达克军队攻打都城；拉达克趁势兼并其领土，古格王朝被推翻，古格国王之弟也没捞到好处。

　　不过，虽说古格王朝的消失与拉达克的入侵有直接关系，但自然资源的枯竭可能也是其灭亡的重要原因。古格王国的鼎盛期人口已超过十万，但现在整个札达县的人口还不到一万。从自然条件来看，也仅有少数河谷两岸才能栽种庄稼，实在难以支撑庞大的人口。

　　站在古格遗址，也就不得不想到由于清朝政府的羸弱无为而丢掉了阿里三围之一的拉达克。每次查阅青藏高原南部西瓦立克的新近纪哺乳动物化石资料，总会读到拉达克渐新世 - 中新世格尔吉尔（Kargil）组化石的内容。

1834 年和 1840 年，拉达克受到入侵，两次都向西藏地方政府求援，但是清驻藏大臣拒不发兵，以至于拉达克沦陷，现仍处于印控克什米尔之内。

很奇怪的是，古格王国灭亡后，札布让的遗址好像就被遗忘了 300 多年，一直保留着当初被毁灭时的现场，刀枪剑戟、甲胄盾牌散落在四处。时间流逝到 1912 年，英国人麦克沃斯·扬（Mackworth Young）从印度沿象泉河溯水而上，来到这里进行考察，重新发现了这个曾经的王都。尽管如此，它仍未受到应有的重视，只是偶尔有人前来探险、参观、拍照和临摹。只有在 1985 年西藏自治区文管会组织的考察队进行了正式的科学调查和发掘，从那以后古格遗址才逐渐广为人知，但至今仍然充满神秘感，成为令人向往的古迹胜地。

到古格遗址能看到的艺术遗存只有几座寺庙中的壁画和造像，幸运的是，这些古代珍品竟然在废墟中度过无人问津的几个世纪之后，还保持着光彩照人的风韵，使我们能直观地了解到当时的生活场景。寺庙都上着锁，我们要联系到管理人员才能参观，还有几座寺庙因为维修复原而暂时不对外开放。至于记载中时常谈到的古格王朝文物，如著名的"古格银眼"佛像之类，在遗址中并没有陈列展出。古格银眼的特点是黄铜佛像的双眼或三眼（即双眼之间还有一纵目）为错银镶嵌，身上的璎珞花纹嵌以银丝或红铜丝，为模仿古代克什米尔和印度帕拉王朝艺术形式的作品，流行年代一般在公元 11 ～ 13世纪。

参观完古格遗址，我们中午回到札达休息和午餐，然后计划下午去皮央遗址。从地图上看是先沿到香孜的道路再向东拐，这条沟叫札达沟，是土林地质公园的重要组成部分。我们沿砂石路一直向前，走了 30 多公里，没有看到岔道，最后找到的疑似道路只有微弱的车印，且被山洪冲毁，只好放弃。

古格遗址门框上的装饰（侯素宽摄）

古格遗址残存的大雁雕刻（侯素宽摄）

后来才知道，这是考察队以前去过后在地图上错误标记所造成的，实际上还要向北走更远。

我们返回县城参观了托林寺，里面有两座大殿保存了据说有千年历史的壁画，具有非常独特的风格，托林寺也在1996年被列为国家一级文物保护单位。遥想当年，象泉河畔的砾石阶地上殿宇林立，佛塔高耸，阿底峡进藏就驻锡在托林寺讲经著述，由此带动了西藏佛教的复兴。

古格遗址洞窟内的壁画（侯素宽摄）

托林寺是古格王国在阿里地区建造的第一座佛寺，其始建时间为公元996年（相当于北宋时期），由古格的第二代国王益西沃和佛经翻译大师仁青桑布仿照前藏的桑耶寺而设计建造。来自印度、尼泊尔和拉达克的工匠参与了这座寺庙的施工建设，由此也使其建筑风格融合了三地的特点。托林，据说是藏语"飞翔空中永不坠落"之意。由于古格王朝的大力兴佛，托林寺便逐渐成为当时的佛教中心。在历史的长

鲜艳的佛塔（托林寺）

古朴的韵味（托林寺）

河里，托林寺后来历经各种自然和人为的破坏，到如今又重现殿宇林立、佛塔高耸的景象。

虽然托林寺有这样的盛名，但札达对大多数人来说还是一个不那么容易到达的地方，因此前来参观的游客并不多，这样正好保证了寺庙庄严肃穆的氛围。我们在一位喇嘛的带领下进入寺院内部，幽暗的光线更增添了神秘和神圣的感觉。托林寺内的雕刻造像及壁画绝对都是历经沧桑的精品，只可惜其中的塑像大多毁于十年动乱，目前尚未修复。幸运的是，托林寺在十年动乱期间被当作粮仓，因而大殿得以完好保存。堆放的粮食庇护了精美的壁画，让我们今天得以见到这些杰作。为了保护原始的色彩，大殿里的光源仅够照亮脚下，在暗淡的氛围中，更能震撼观者的心灵。我们仿佛穿越时间隧道，沉浸在一千多年前的古旧时光里。

回到旅店，去旁边的公共浴室洗了澡；水温很合适，但觉得在这里洗澡也很累人。澡堂还有特别提示，告诫洗澡时间不要太长，以免引起不适。我只洗了十几分钟，仍然觉得相当消耗体力。

傍晚时分，高伟说要去托林寺外散步。他是信佛之人，跟我们出野外也一丝不苟地坚持素食。尽管在高原上非常消耗体力，需要保证营养，但他认为信仰更为重要。我们也很高兴跟他一道去走一走，感受浓厚的宗教氛围。

雨后的天空布满瑰丽的火红晚霞，落日映照下人群都逐渐向托林寺汇聚，那些粗糙古朴却又风格鲜明的建筑闪耀着璀璨的艺术光辉。藏族同胞们先在东北角最大的一座红色佛塔下绕行几圈，然后沿顺时针方向围着托林寺轻步徐行，并不停地转动手中的经筒。我听不懂他们吟诵的内容，但猜想一定是古老而优美的梵音。

我们只是散步，所以顺着高高的阶地边缘朝象泉河下游方向走。托林寺后的宽阔台地上密布大大小小的 200 多座佛塔，特别是那些方形的白色排塔尤其显得朴素而沧桑，其中一定有托林寺最初建立时的遗存，在夕阳的余晖下拖着长长的影子。南北两边各有一排整齐的塔墙，每面墙由 108 座小塔构成，据说每座塔里都埋藏着一颗念珠。雨后象泉河的涌动在暮色中发出更大的水声，像闪光的白练蜿蜒飘动，不正是一条条圣洁的哈达吗？我们一直走到寺庙的西北角，这里矗立着一架高耸的经幡柱，五颜六色的彩布围成圆锥形，在风中猎猎作响。向南望去，县城后的山峦正在被落日涂上金光，我们就一直等到最辉煌的一刻，记录在照片之中。

在这里遇见来自全国各地，甚至遥远世界的人们，在日落苍茫的时分，在古老的托林寺旁，在奔流的象泉河岸，在虔诚的佛教徒中，无不发出由衷的感叹。也有三三两两的中学生在河畔背诵课本，为地处偏僻的家乡培养着现代化的素质。

象泉河谷

迷幻的暮色（李强摄）

夕照金山

布氏豹化石地点（李强摄）

5. 皮央惊奇

> 湖退积泥沙，横纹灿若霞。
> 断层刀刃斫，流水笔锋斜。
> 起伏如城堡，参差似爪牙。
> 天然图画险，深谷接高崖。
>
> ——札达土林

　　2012 年 7 月 7 日，这是近期在本地难得一遇的多云天气，一下子比前几天凉快了不少，这样在野外就不会觉得烈日烤人了。昨天没找到皮央，今天全体出动，都朝这个方向。

　　去往皮央要走札达至山冈之间的道路（札山线），连接到从那不如进札达的新路，但还没有改造，仍然是一条砂石路。出札达后越过象泉河，这里的阶地上也有大片的古塔遗迹。它从前应该有一座大的寺院，因为塔群分布的面积看起来比托林寺的还要大。先往下游方向走一段，路上尘土飞扬，然后

丁丁卡的老树

向北进入垂直于象泉河谷的支沟中。经过一座道班后，我们很快就过桥到沟的西边，此处的沟内见不到水流，但生长着大片的红柳。再往上游走，经过丁丁卡，这里有一小片农田，空地中央只有孤零零的几棵老树。我们又回到沟的东岸，当再次要经过一座桥之前，有个路牌指示通向那嘎农场，但现在由于缺水已经废弃了。

这条沟还是昨天碰到的札达沟，两旁的土林地貌非常发育。札达土林的形态以塔形为主，是新近系河湖相砂泥质堆积在干燥气候环境中，顺岩层的构造节理在雨水的淋蚀冲刷和冬季的寒冻风化共同作用下形成。土林地质公园的各个景点主要根据象形的特点来命名，比如人物、器具、建筑等，都配以藏汉两种文字的说明标牌，附加一个传说故事。这些大型标牌的材质不是金属，加上风沙强烈，很多都已经破损了。

在前几年的野外工作中，考察队曾在这条沟里发现大量化石地点，其中以2010年的工作成绩最突出，连续有16个地点编号，即ZD1001 ～ ZD1016。最重大的发现即来自于地点ZD1001，那是刘娟的功劳，她在这里找到一个富含化石的透镜体，至少包含12种哺乳动物的遗骸，在加里的负责下发掘并制作了一个大型的石膏包。回到实验室后，从中修出的化石包括一件豹类的头骨，保存了左第一门齿、犬齿、第三和第四前臼齿，代表一个完全成年的个体。曾志杰等人研究了这件标本，论文于2014年初发表在英国期刊《皇家学会报告 B：

土林的淋滤作用

巍峨的 "城堡"

曾志杰和加里在讨论发掘方案（李强摄）

生物科学》上[①]。

　　雪豹（*Panthera uncia*）是青藏高原等地的一种地方性典型动物，适应于寒冷的气候条件。尽管在欧洲和亚洲发现过一些有疑问的更新世雪豹化石记录，但后来大多数被否定了，比较可信的是在巴基斯坦北部西瓦立克沉积上部发现的早更新世化石。在札达盆地发现的原始豹类化石，其头骨具有扁平的额鼻区域和扩展的上颌骨，这是雪豹的典型特点。这件标本的时代为早上新世，年龄距今约440万年，毫无疑问是最早的雪豹记录，因此它的发现提供了冰期动物起源于青藏高原的一个确切例证。

　　志杰当时是南加利福尼亚大学（南加州大学）和洛杉矶自然历史博物馆的博士生，他的导师就是王晓鸣研究员。志杰不仅在食肉类化石的研究上有很多成果发表，而且还是野外工作的好手，因此在2009年被北美古脊椎动物学会授予野外科学奖。他目前在纽约的美国自然历史博物馆，继续从事食肉类化石方向的博士后研究。刘娟以前是古脊椎所张弥曼院士的硕士研究生，后来到加拿大阿尔伯塔大学攻读博士学位，继续在新生代鱼类化石方面认真钻研。更有意思的是，志杰和刘娟那时是新婚燕尔的一对，两人的女儿生于2011年岁末。

①　Tseng Z J, Wang X M, Slater G J, *et al*. 2014. Himalayan fossils of the oldest known pantherine establish ancient origin of big cats. *Proceedings of the Royal Society B: Biological Sciences*, **281**. http://dx.doi.org/10.1098/rspb.2013.2686.

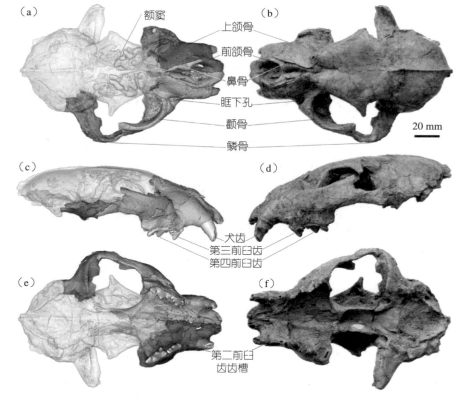

（a）　额窦

（b）

上颌骨

前颌骨

鼻骨

眶下孔

颧骨

鳞骨

20 mm

（c）　（d）

犬齿
第三前臼齿
第四前臼齿

（e）　（f）

第二前臼
齿齿槽

布氏豹（*Panthera blytheae*）头骨化石（左列：三维重建；右列：化石标本。a, b：背面视；c, d：侧面视；e, f：腹面视）

　　在札达发现的豹类化石代表了世界上已知最古老的"大猫"（即包括狮、虎、豹等大型猫科动物在内的豹亚科），由此不仅揭示了雪豹，而且揭示了整个豹类以及其他豹亚科动物的起源。现生的豹类（包括豹属和云豹属）是猫科动物里最早分支出来的一个类群，先前分子生物学家基于对猫科动物 DNA 的系统发育研究后认为，豹类动物与其他猫科动物的分化时间大约在距今 1 100 万年前，豹类支系内的种类直到距今约 400 万年前才进一步分化。此前最早的豹属动物的化石记录出自非洲坦桑尼亚的上新世沉积，其地质年代约在 380 万年前；而在亚洲，原来只有距今约 260 万年以来的更新世化石记录。因而，在分子生物学研究与化石证据上，关于猫科动物各支系的分化时间两者相去甚远，其中豹类化石记录更是严重缺乏。

　　志杰等人的论文包括了考察队在札达盆地先后发现的 7 件豹类化石，除了作为正型标本的上述头骨外，其他材料包括一段下颌骨，一个保存有犬齿

刘娟和志杰在加里和福桥的注视下发掘布氏豹的化石透镜体（李强摄）

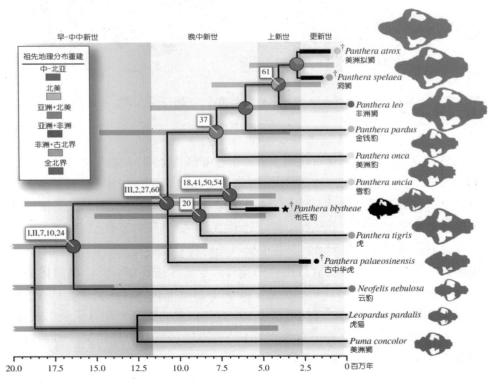

布氏豹的系统发育关系（白框中的罗马数字代表基因数据编码，阿拉伯数字代表形态数据编码；右侧的投影为该种对应的头骨形态，有"†"者为化石种）

的前颌骨和上颌骨片段，一枚脱离的第四前臼齿，一个上颌骨片段，一段齿骨支，一个保存有第三前臼齿、第四前臼齿和第一臼齿的部分右侧齿骨。他们首先进行了形态学研究，布氏豹牙齿的许多特征与雪豹非常类似，但是一些隆起和齿尖却不同。根据头骨的大小判断，布氏豹这种大型猫科动物的体型与云豹相仿，但要比雪豹小 1/10，而后两者当前都栖息在今天的喜马拉雅山脉等地。他们综合 12 种现生以及灭绝的猫科动物的形态学特征和 DNA 基因数据，用全证据系统发育学的分析方法，证明札达盆地的猫科动物化石代表了一个与现生的雪豹互为姊妹群的豹属新种，并且与虎的亲缘关系也很近，该新种被命名为布氏豹（*Panthera blytheae*）。布氏豹是目前已知全球最古老的豹类，它在札达盆地地层中分布的古地磁年龄范围在距今 595 万～ 410 万年之前，这一时段也代表了豹类在全世界最早出现的时间，表明豹类动物在晚中新世到上新世就已经在中亚出现。

他们的研究结果表明，大型猫科动物可能在远比想象要早得多的时候起源自较小的猫类，豹类支系种类的最早分化时间并非如以前分子生物学研究提出的上新世晚期，而是更接近于现生猫科动物最早分化的中新世时期。利用已知解剖特征在整个时间序列里的变化速率和观察到的布氏豹的形态，估计最早的豹亚科成员可能在距今 1 100 万～ 1 000 万年前从猫亚科分离出来。根据古地理学的分析结果，志杰等人还进一步提出豹类应起源于中亚，而该支系的多元演化与青藏高原在晚新生代的隆升及其造成的环境变化可能存在密切的联系，由此为大型猫科动物的亚洲起源观点提供了强大的支持。结合在札达盆地发现的其他化石，证明青藏高原很可能是一个哺乳动物的起源中心；一些耐寒的哺乳动物在此起源，随后扩散至亚洲其他地区以及欧洲甚至美洲。

志杰等人在他们的论文中指出，虽然札达的豹类化石是目前已知最古老的，但并不是最原始的，因此有观点相信大型猫科动物的最初物种可能在亚洲的森林地区进化，所以还需要继续寻找大型猫科动物的起源。即便如此，权威专家的评论仍然认为，这是一些具有重要意义的完美化石，它们为豹属家族的进化树添上了根。

如果仅有一些破碎的化石，便很难判断已绝灭种类的行为和生活方式，但志杰他们根据头骨的解剖学特征能够做一些基本的推理。布氏豹不是像狮或虎那样的大型猫科动物，体型与金钱豹接近。这种动物的生活环境相似于现在的青藏高原，它们应该与现代仍然在这个地区生活的雪豹一样，不像是在开阔地带觅食，更可能是在悬崖或山谷中伏击。牙齿的磨蚀样式也指示布氏豹与现代

布氏豹的头骨复原（Mauricio Antón 绘），右上角图中不同的颜色代表不同的骨骼，参看头骨化石图

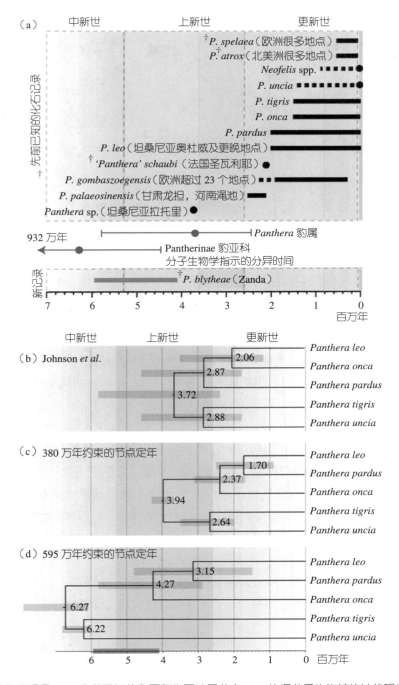

豹亚科的化石记录。a，先前已知的豹亚科化石地层分布；b，依据分子生物钟估计的现生豹属的分异时间；c，以距今约380万年为最早分异时间推测的演化过程；d，以布氏豹最早出现的距今约595万年为依据推测的演化过程。有"†"者为化石种。

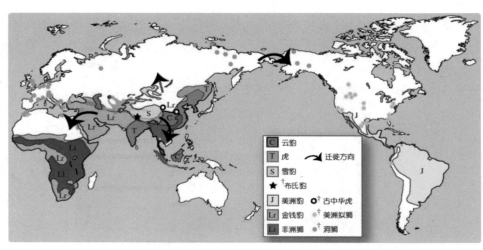

豹亚科的全球扩散（有"†"者为化石种）

的雪豹相似，其后部牙齿仍然保持尖锐，看起来是用来切割软组织的；前部牙齿已严重磨蚀，也许反映了它们撬开动物尸体，专拣肉而不是骨头来吃。

札达还有更多的发现能用来追溯到冰期动物、高原动物、北极动物的起源。例如，正是根据刘娟发现的这个化石透镜体中的材料，晓鸣等人将很快报道北极狐的祖先也生活在上新世时期的青藏高原上（详情见本书《后记》）。

2012年7月7日上午我们就到香孜岔路口附近找化石，这里的札达组大面积出露。两辆车将我们送到沟谷中，然后所有人分散攀到平台上去。靠近沟谷底部有一层巨厚的斜层理砾岩，形成高大的悬崖。我绕到一处切割较深的地方，攀爬过这套砾岩，就来到平台顶部，开始进行大面积搜索，共找到两件趾骨，一件是犀牛的，另外一件是偶蹄类的。光普收获最大，发现一处化石堆积，有大量三趾马等食草动物的肢骨，还有犬科和鬣狗的牙齿。我们决定明天还来这个地点。

午饭就在香孜岔口，然后去皮央。昨天确实差了一些距离，札山线上有明显标志通往东嘎，皮央就在这条路上。但所谓的乡村公路几乎跟便道相似，不仅难走，有些地段还觉得非常危险。

皮央是一个村子，距札达县城有40公里。这里的一股溪流形成小块绿洲，遗址就在村背的山上。这里的札达组沉积已基本固结成岩，但很容易挖掘，因此也不耐风化。皮央实际上跟札布让的古格遗址是同一个风格，也是当时的一个主要居民点，不过现在已风化残损得相当严重，是一个典型的废墟。我们小心翼翼地爬到山顶，残损的状态让在遗址里走起路来都觉得不太安全。古格的都城札布让满打满算只能住两千人，它号称的十万子民何处为家呢？这个困扰考古学家的问题，现在逐渐找到了答案。皮央就是一处石窟居所，是由寺院、城堡、石窟和塔林组成的大型遗址，属于10世纪古格王朝仁钦桑布时期所建的八大寺之一，曾一度是古格王国重要的文化中心。

　　村民似乎对这个遗址熟视无睹，直到20世纪90年代才被考古学家发现，现在是西藏自治区的重点文物保护单位。皮央遗址自1992年以来由四川大学(川大)考古学系等单位进行过多次文物调查发掘工作，获得了一批重要资料。紧靠皮央村西侧是一北高南低的长条形山丘，山丘顶部高出村庄近百米，皮央石

布氏豹的生态复原
（Julie Selan 绘）

香孜岔口的地层

窟群的千余孔石窟主要分布在山丘东、南缘的崖壁和崖坡上。山丘顶部还有多处佛教建筑遗迹及少量石窟遗迹，这些建筑均依山势而建，其中高僧僧舍建在最北端的山丘顶部，集会大殿及塔群建在山丘中部，仓房、僧舍等建在山顶南端。这些殿房遗迹外残存长度、高度不一的围墙，出土有木雕、石雕、顶板、铜造像等遗物。高僧僧舍为高低两层的跃式建筑，中设阶梯相通，其内有数间大小不等的房间。僧舍的北、西、东三面均面临陡崖，地势居高凭险，在陡崖处砌筑的土石围墙建有角楼，墙上开设瞭望孔、射击孔等，具有一定的防御功能。皮央的建筑表面都被涂抹上红色的矿物颜料，特别是山腰的塔群红得刺眼。

这里附近有狼，村民还捡了一只狼崽养着。这里的狼是灰狼（*Canis lupus*）的一个亚种，成年个体体型中等，体重约 45 千克，腿短，毛长而色淡。当地人认为，狼的毛色越淡，攻击性越强，最喜欢猎食藏羚羊。

看完皮央，我们没有走原路返回。村旁的溪流由北流向南面，溪流以东的山丘距皮央村约 300 米，地势稍显平缓，被称为"格林塘"。格林塘为一处佛寺遗迹，西、南、东缘均为陡坡，建筑地面与其下溪流的相对高差约为 20 米。

格林塘遗迹由佛塔、殿堂、塔群及围墙等构成"塔院式"建筑群，平面布

皮央废墟

皮央残存的建筑

皮央古塔群炫目的红色

局依台地地形而变化，呈不规则形，占地面积约 1.6 万平方米。建筑群北部以一座大型佛塔为中心，四周分布若干小佛塔遗迹；西部则以信徒聚集的大殿为中心，其南侧也有若干小佛塔。建筑群东部的主体为一门道朝东的佛殿，南部由西转向南排列有 7 座佛塔。整个格林塘建筑群均由土石砌筑的墙体围成，围墙转角处多有类似"角楼"的建筑，有的在墙上设观察孔，围墙的西、北两段保存较完整。出土遗物主要有壁画残块、桦树皮、纸本写经、木块等。格林塘的建筑布局与古代印度佛寺风格相似，因此被川大考古系专家认为是一种早期样式；而保留的残余壁画也不同于古格的风格和技巧，进一步证明其更早的历史，据史书记载可能始建于公元 996 年。

从格林塘向东经过不远处的东嘎，我们又驶上札山线，最后沿有沥青路面的巴尔兵站至县城的公路回到札达。回来查资料才知道，皮央的壁画保存得不好，而最好的壁画是在东嘎村后山上的石窟中。东嘎石窟的形制与敦煌有异曲同工之妙，壁画中有手持乐器的飞天。实际上，札达的位置使这里的艺术形式受到中原地区、印度、尼泊尔及克什米尔地区，甚至希腊风格的影响。

7月8日，晴。昨天光普在香孜岔路口发现了一个化石丰富的地点，编号为ZD1208，今天就返回该地，将它作为一个重要的工作区域。我们带了筛子，把这个地点的砂土全部干筛一遍，以便寻找细小的化石。因为只需三辆车前去，这样就会每天有一辆车和驾驶员轮换休息。

ZD1208的地表就能看见许多骨片，稍微开挖就有相当大的骨骼，我就发掘出三趾马的两件长骨远端，一件是肱骨，另一件是桡骨。奇怪的是，我们的化石很少有完整的，除了一些腕骨和跗骨外，上、下颌都只有残段，单个的牙齿也找到不少，尤其是以食肉类为多，包括鬣狗、狐、貘等，这是相当有意义的一批标本。

这个地点显然是动物骨骼破碎后的一个堆积，但为什么食肉类的牙齿特别多，而食草类的牙齿较少，特别是三趾马牙齿几乎没有，却有大量三趾马

废墟下的新农村——皮央

侯素宽抱着狼崽（王宁摄）

的肢骨，这也是一个有意思的问题。对于这些化石，哪怕是很小的碎片，特别是牙齿的碎片我们都仔细收集起来。它们除了被用于分类学的鉴定，也是进行地球化学分析的重要材料。

美国佛罗里达州立大学地球、海洋和大气科学系的王杨教授曾跟我们一道在札达盆地工作，她就从事同位素地球化学的研究。王杨毕业于北京大学地质系，比我高一个年级，后来在美国犹他大学取得博士学位。我们已经合作了很多年，最早一起到西藏考察还是 2004 年的吉隆之行，随后她多次参加了在青藏高原腹地和周边地区的野外工作。

札达盆地产丰富哺乳动物化石的地点主要分布在距今 420 万 ~ 310 万年的时段，这些地点现今的海拔高度平均为 4 200 米左右。我们利用哺乳动物牙齿化石的釉质以及软体动物壳体化石的碳、氧稳定同位素组成重建了上新世时期札达盆地的古环境和古高度。通过我们的研究，札达盆地的这些化石为检验当地构造、气候和生物演变之间的联系提供了一个独特的窗口。

考察队的王杨等人 2013 年在英文专业期刊《地球与行星科学通讯》上报道了对札达动物群以及该地区现生食草动物和水体的稳定同位素分析，并据此推算了札达盆地的古气温[1]。这一地区现代的藏野驴（*Equus kiang*）以及家养的马、牛、羊的牙齿釉质样品的稳定碳同位素比值在 -9.4‰ ±1.8‰ 的范围之内，指示它们的食物主要由本地的 C_3 植物组成（C_3 植物是那些在光合作用的初始阶段，一个分子二氧化碳与一个分子五碳糖结合生成两个分子的三碳

---

[1] Wang Y, Xu Y F, Khawajia S, *et al*. 2013. Diet and environment of a mid-Pliocene fauna from southwestern Himalaya: paleo-elevation implications. *Earth and Planetary Science Letters*, **376**: 43-53.

糖的植物）。另一方面，在札达盆地采集的三趾马、西藏披毛犀、鹿类化石和牛科动物化石的釉质碳同位素比值为 -9.6‰ ± 0.8‰，指示这些上新世的动物与该地区的现代动物一样，也主要取食 C_3 植物，由此推断其生活环境中的植被以 C_3 植物占优势地位。由于在札达盆地没有 C_4 植物存在的显著信号（C_4 植物是那些在光合作用的初始阶段，一个二氧化碳分子与一个三碳分子结合生成一个四碳分子的植物，其光合作用效率相对较高），因此在上新世中期其海拔必然已相当高。

　　哺乳动物牙齿釉质和骨骼化石的稳定碳、氧同位素组成包含了它们的食物和饮水以及环境古温度的重要信息，特别是食草动物牙齿釉质的稳定同位素碳13 比值（$\delta^{13}C$）反映了其食物中 C_3 和 C_4 植物的比例。C_3 植物包括所有树木、大多数灌木和寒冷气候下的草本植物，其 $\delta^{13}C$ 值从 -20‰ 到 -35‰，平均为 -27‰；C_4 植物主要是温暖气候下的草本植物种类，$\delta^{13}C$ 值为 -9‰ 到 -17‰，平均为 -13‰。由于生物化学的分馏作用，食草动物的牙齿釉质以相对于其食物中的稳定同位素比例富集 ^{13}C，纯粹取食 C_3 植物的动物 ^{13}C 值小于 -9‰，而纯粹取食 C_4 植物的

格林塘遗址

动物 $\delta^{13}C$ 值大于 -2‰，混合食性的动物 $\delta^{13}C$ 值介于上述两值之间。

考虑到地质时期大气二氧化碳的碳同位素比值变化，釉质碳同位素分析表明札达盆地上新世中期的 C_3 植被的碳同位素比值比这个地区的现代 C_3 植被约低 1‰ ~ 2‰。如果将现代大气降水与 C_3 植物的碳同位素比值关系应用到地质历史时期，则化石釉质数据指示从那时起这个地区的年降雨量降低了 200 ~ 400 毫米。与得到的碳同位素比值资料吻合，釉质氧同位素数据也指示在上新世中期之后有一个显著的高值漂移，反映了札达地区的气候自距今 400 万 ~ 300 万年前以来向强烈的干旱化方向演变。对札达盆地上新世中期古温度的估计，来源于骨骼化石的氧同位素温度代用指标以及碳酸盐二元同位素温度计，结果显示它高于本地区现代的年平均温度。考虑到上新世时期的全球气温高于现代，则这一温度估计结果指示札达盆地在当时的古海拔高度相当于或仅略低于其现代的海拔高度，这也与碳同位素比值数据得到的推断结果一致。

在 2012 年 7 月 8 日的化石采集工作中，上午还不算太热，我们很快就工作到中午 1 点过后，然后下到山脚的车旁吃午饭，车上有很多干粮。停车的地方有一小块潮湿的土地，有少量的泉水渗出，形成杯子大小的一个小水洼。这是鸟儿宝贵的水源，尽管我们近在咫尺，几只百灵也飞过来饮水。我

等待解开谜底

午间小憩（李强摄）

扔过去几块碎饼干，它们叽叽喳喳地享受这飞来之食。我在野外的中午也吃了大蒜，因为昨天晚上和今天上午肚子有点不舒服，吃过大蒜以后，算是痊愈了。

下午继续上山工作，这时的太阳辐射非常强烈。虽然戴了草帽和墨镜，涂了两层防晒霜，但还是担心会中暑，所以我又撑开了伞，这是在札达工作才有的新鲜事。虽然天气条件让大家挥汗如雨，但今天又有了极大的收获，采集到相当多的标本，回程中每个人的脸上都充满了喜悦与欢乐。

玛王塘地层（李强摄）

6. 冰原往事

喜马拉雅傲雪峰，山前旱草聚成丛。
凝神剖面查勘细，忽见犀牙露秘踪。

——玛王塘

  每天早晨我都会从手机上查一下札达的天气，2012 年 7 月 9 日是多云，最高温度 29℃。温度虽然比较高，但多云能够遮挡住一些阳光，避免直射，相对要舒服一些。

  今天的工作区域在玛王塘的土林观景台附近，即进札达的沥青公路旁。我开始以为玛王塘是一个汉语地名，"塘"可能是指观景台下的盆状低洼地形。实际上刚好搞反了，"塘"是藏语"高地"或"台地"的意思，就是指脚下所站的观景台。我们先开车到山顶，从那里离开公路下坡，直到越野车无法再走，就下车徒步。上午尽管上上下下路也走了不少，但在所搜索的地层中没有发现什么化石。下午大家分头行动，扩大搜索范围，结果各有收获，光普还找

独特的地貌

到了第四纪真马的第一指节骨化石。

我们去了西藏披毛犀（*Coelodonta thibetana*）的正型地点 ZD0740，就在观景台前方的剖面上，离公路非常近，是这些天来最便捷的一个化石点。到 ZD0740 的第一个收获就是发现了 2007 年发掘时遗忘在现场的西藏披毛犀肩胛骨，可惜的是只剩下几块碎片，还保留了一点关节窝。

西藏披毛犀化石地点

　　2007 年 8 月 22 日是一个重要的日子，那天王晓鸣带领考察队在观景台附近搜寻化石的踪迹。他突然发现一枚暴露在外的犀牛荐椎，似乎感到会有重大的发现，便仔细在周围寻找。当晓鸣小心地用地质锤剔开附近覆盖的沉积物，一排犀牛上颊齿列呈现出来。随后以加里为首开始了更大范围的发掘，令人意想不到地获得了同一个体的完整头骨、下颌骨和颈椎。更幸运的是，这几个部分虽然没有关联在一起，而且下颌骨已断为两块，但它们都散落在几米之内，修复后可以很好地拼

加里在进行化石加固（李强摄）

在发掘前平静一下激动的心情（李强摄）

王晓鸣和加里在发掘西藏披毛犀（李强摄）

带西藏披毛犀化石下山（王杨摄）

合在一起，除了颜色有些差异，并没有丢失任何部分。

当化石运回北京的古脊椎所后，一打开石膏套我就发现，这是一具披毛犀的化石，但显然比第四纪的所有披毛犀都要原始。随后开始了细致的修复工作，接下来是几年的深入研究。终于，2011年9月2日出版的美国《科学》杂志发表了我们的论文，报道了在札达盆地发现的上新世哺乳动物化石组合，其中包含已知最原始的披毛犀——西藏披毛犀[①]。

冰期动物群长期以来已被认识到与更新世的全球变冷事件密切相关，当时的动物表现出对寒冷环境的适应，如体型巨大、身披长毛、具有能刮雪的身体构造，并以猛犸象和披毛犀最具代表性。这些令人倍感兴趣的绝灭动物一直受到广泛的关注，它们的上述特点曾经被假定是随着第四纪冰盖扩张而进化出来的，即这些动物被推断可能起源于高纬度的北极圈地区，但一直没有可信的证据。我们根据来自西藏的新化石材料证明，冰期动物群的一些成员在第四纪之前已经在青藏高原上演化发展。冬季严寒、高海拔的青藏高原成为冰期动物群的"生存训练基地"，使它们形成对冰期气候的预适应，此后成功地扩展到欧亚大陆北部的干冷草原地带。这一新的发现推翻了冰期动物起源于北极圈的假说，证明青藏高原才是它们最初的演化中心。

10 cm

西藏披毛犀的头骨（上）和下颌骨（下）

① Deng T, Wang X M, Fortelius M, *et al*. 2011. Out of Tibet: Pliocene woolly rhino suggests high-plateau origin of Ice Age megaherbivores. *Science*, **333**: 1285-1288.

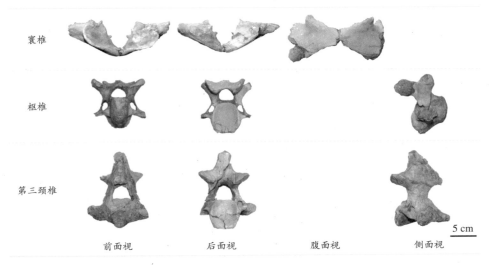

西藏披毛犀的颈椎

在最有代表性的冰期动物中，披毛犀在晚更新世时广泛分布于欧亚大陆北部被称为"猛犸象草原"的生态环境中，适应于严寒的气候。此前的化石记录已显示披毛犀起源于亚洲，但其早期的祖先遗存仍然模糊不清。在札达盆地发现的新种西藏披毛犀，其生存时代为距今约 370 万年前的上新世中期，它在系统发育上处于披毛犀谱系的最基干位置，是目前已知最早的披毛犀记录。随着冰期在距今约 280 万年前开始显现，西藏披毛犀离开高原地带，经过一些中间阶段，最后来到欧亚大陆北部的低海拔高纬度地区，与牦牛（*Bos mutus*）、盘羊（*Ovis ammon*）和岩羊（*Pseudois nayaur*）一起成为中、晚更新世繁盛的猛犸象 - 披毛犀动物群的重要成员。

西藏披毛犀具有披毛犀的一系列典型特征，包括修长的头型、骨化的鼻中隔、宽阔而侧扁的鼻角角座、下倾的鼻骨、抬升而后延的枕嵴、高大的齿冠、发达的齿窝等。另一方面，西藏披毛犀不同于其他进步的披毛犀，主要表现在它的鼻中隔骨化程度较弱，只占据鼻切迹长度的三分之一；下颌联合部前移；颊齿表面的白垩质覆盖稀少，外脊褶曲轻微；第二上臼齿的中附尖弱，第三上臼齿的轮廓呈三角形；下颊齿下前尖的前棱钝，下次脊反曲并具有显著弯转的后端；第二、第三下臼齿的前肋微弱，等等。

西藏披毛犀的头骨具有相当长的面部。粗糙面占据了整个鼻骨背面，由此指示它在活着的时候具有一只巨大的鼻角，额骨上一个宽而低的隆起指示它还有一只较小的额角。鼻角的相对大小比现生和绝灭的大多数犀牛的鼻角

西藏披毛犀头骨外形再造（沈文龙绘）

都大，而与板齿犀和双角犀的相似，但在形态上更窄。系统发育分析显示，西藏披毛犀是一种进步的双角犀。在披毛犀支系内，西藏披毛犀与泥河湾披毛犀（*Coelodonta nihowanensis*）相比鼻骨更长，枕面更倾斜。各种披毛犀按进步性状排列，其终点是晚更新世的披毛犀。

与身披长毛的猛犸象和现代牦牛一样，作为西藏披毛犀后代的晚更新世的披毛犀也具有厚重的毛发，可以起到保温的作用，由此强烈地表明其适应于寒冷的苔原和干草原上的生活。非常宽阔的鼻骨和骨化的鼻中隔指示西藏披毛犀有两个相当大的鼻腔，增加了在寒冷空气中的热量交换。除了用厚重的毛发和庞大的体型来保存热量，披毛犀的头骨和鼻角组合也与寒冷的条件相适应。披毛犀长而侧扁的角呈前倾状态，用以在冬季刮开冰雪，从而找到可以取食的干草。几个形态特点支持上述观点：（1）根据冰期古人类的洞穴壁画，可以证明披毛犀的角相当前倾，鼻角的上部位于鼻尖之前；（2）角的前缘通常都存在磨蚀面；（3）角前缘的磨蚀面被一条垂直的中棱分为左右两部分，显然由摆动头部刮雪而形成；（4）侧扁的角

披毛犀的系统发育关系

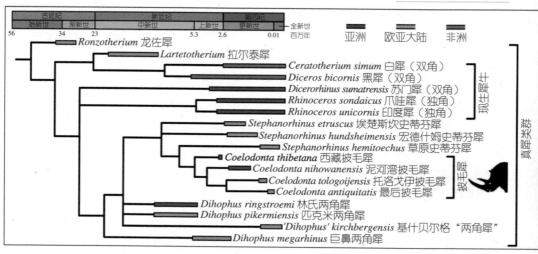

西藏披毛犀复原图（Julie Naylor 绘）

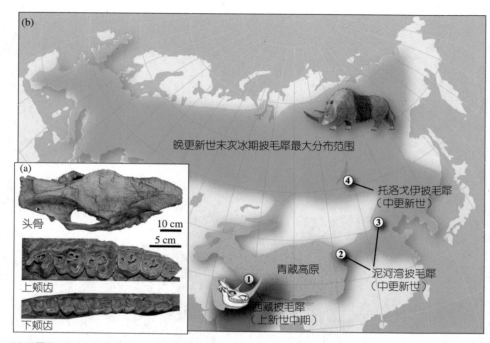

披毛犀的起源、迁徙和分布（a，西藏披毛犀的头骨和上、下颊齿；b，披毛犀在欧亚大陆的演化历史，序号表示从老到新的时间顺序）

明显不同于现生犀牛圆锥形的角，使披毛犀能有效地增加刮雪的面积；（5）向后倾斜的头骨枕面使犀牛能自如地放低其头部。这些头骨特征与细长浓密的毛发相结合，清楚地显示披毛犀能够在寒冷的雪原中生存。巨大而前倾的鼻角所具有的刮雪能力可能是西藏披毛犀能够生活于青藏高原严酷冬季的最关键的适应，这代表了披毛犀谱系独特的进化优势。演化上一个如此简单却重大的"创新"形成于北极永久性冰盖肇始之前，为开启披毛犀在晚更新世冰期动物群中成功的繁盛之路奠定了关键的预适应基础。

披毛犀的存在说明札达盆地在上新世时的高度达到甚至高于现在的海拔，因此当时形成了冬季漫长的零下温度环境，这一判断也与利用腹足动物化石稳定氧同位素进行的古高度分析结果一致。

披毛犀的最后代表在距今约1万年前的更新世末消失。除了西藏披毛犀，还有另外3种披毛犀，即早更新世（距今约250万年前）在中国北方的泥河湾披毛犀、中更新世（距今约75万年前）在西伯利亚和西欧的托洛戈伊披毛犀（*Coelodonta tologoijensis*）以及晚更新世在欧亚大陆北部广布的最后披毛犀（*C. antiquitatis*）。披毛犀的所有已知种都生活在欧亚大陆的寒冷环境中，尤其是西伯利亚，有限的几个分布靠南的地点都是高海拔地区，如位于青藏高原内部或靠近其东缘的青海省海南藏族自治州共和县、甘肃省临夏回族自治州和四川省阿坝藏族羌族自治州境内。另一方面，尽管旧大陆（包括欧亚大陆和非洲）有非常丰富的上新世犀牛化石记录，但此前却没有任何更新世之前的披毛犀化石发现。如此突出的动物地理分布模式依系统发育位置和地质年代顺序从青藏高原逐渐扩散开来，证明随着全球气候变冷、严寒环境蔓延，披毛犀的祖先从高海拔的青藏高原向高纬度的西伯利亚迁移，最后演化为最成功的冰期动物之一。

基于覆盖有白垩质的高冠齿、长而大的鼻角、骨化的鼻中隔和后倾的枕面，除了系统发育上令人迷惑的额鼻角犀类［苏门犀（*Dicerorhinus sumatrensis*）就是一种额鼻角犀类］外，双角犀类群都以草本植物为食。根据头骨尺寸的估计，西藏披毛犀的体重可达 1.8 吨。哺乳动物的体型对决定其代谢水平至关重要，每单位体重的保温需求随着体型的增大而降低。在食草动物中，这意味着身体的绝对大小对决定动物所能承受的食物纤维/蛋白质摄入比例至关重要，体型越大的动物对蛋白质的要求在食物中的比例上越低，越能承受更大比例的纤维质。

西藏披毛犀与泥河湾披毛犀的体型相似，但小于晚更新世的披毛犀，后者在更加寒冷的气候中达到更庞大的体型。

一些原始犀牛的臼齿已经开始随着自然环境的变化而逐步变化，渐次减少了对柔嫩树叶的依赖，到晚更新世的披毛犀演化成完全以草本植物为食的动物，表现为臼齿高度增加、白垩质发育、齿窝釉质加厚，这些都是对更粗糙食物的适应性状。西藏披毛犀的上臼齿齿尖已经显著磨蚀成圆形，既不像以树叶为食的犀牛那样尖锐，也不像纯粹以草本植物为食的犀牛那样平钝，显示其以草本植物为主但混合有灌木的食物结构，与泥河湾披毛犀和托洛

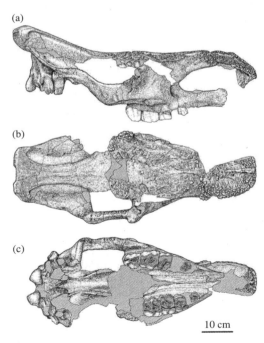

(a)

(b)

(c)

10 cm

托洛戈伊披毛犀（*Coelodonta tologoijensis*）头骨（据 Ralf-Dietrich Kahlke）(a，侧面视；b，背面视；c，腹面视)

阿里纪行

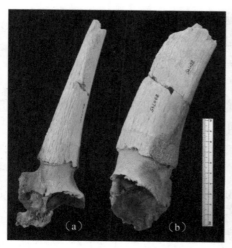

库羊角心化石（a，前面视；b，侧面视）

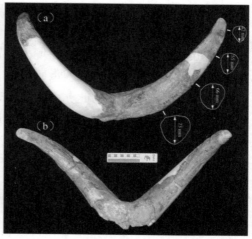

岩羊角心化石（a，前面视；b，后面视）

戈伊披毛犀相似。

我们的研究认为，披毛犀并非是唯一起源于青藏高原的冰期动物。札达动物群的其他成员以及在青藏高原其他地点发现的哺乳动物化石已经显示，独特的青藏动物群可以追溯到晚中新世时期。在青藏高原北部的柴达木盆地，晚中新世的库羊（*Qurliqnoria*）具有直而向上的角心，它就是藏羚羊（*Pantholops hodgsonii*）的祖先。在札达盆地的早上新世地层中也发现了一件库羊的破碎角心（出自 ZD0745 地点），而一个与藏羚羊同属的更新世绝灭种（*Pantholops hundesiensis*）据记载被发现于靠近中印边境尼提山口的高海拔地区。岩羊的祖先也出现在札达盆地，在随后的冰期里扩散到亚洲北部，与披毛犀的演化历史非常相似。此外，分子生物学家已经建立起牦牛和盘羊（*Ovis ammon*）在青藏高原或周边山地的祖先类型与其北美洲的冰期动物亲戚，如美洲野牛（*Bison bison*）和加拿大盘羊（*Ovis canadensis*）之间在系统发育上的联系。与披毛犀一样具有巨大体型和厚重长毛的牦牛也被发现在更新世时期向北分布，远至西伯利亚的贝加尔湖地区。在青藏高原现生动物群的典型种类中，藏野驴在北美洲阿拉斯加的更新世沉积物中也有发现，以布氏豹为代表的原始雪豹类型发现于札达盆地的上新世并在更新世扩散到周边地区。适应寒冷气候的第四纪冰期动物群的起源，过去一直在上新世和早更新世的极地苔原和干冷草原上寻找。现在，通过我们的研究发现，实际上高高隆升的青藏高原上的严酷冬季已经为全北界（即欧亚大陆和北美洲）晚更新世猛犸象动物群的一些成功种类提供了寒冷适应进化的最初阶段。

晚更新世的最后披毛犀是已绝灭的最著名的冰期动物之一，毫无疑问也是最知名的犀牛和被了解得最多的更新世动物之一。然而，在札达盆地发现西藏披毛犀之前，只有少量披毛犀材料来自几个距今约200万年前的中国地点。1930年法国古生物学家德日进（Pierre Teilhard de Chardin）描述了在河北省张家口市阳原县桑干河畔的泥河湾发现的一个外壁上具有披毛犀特殊褶曲的乳齿列，因而将这件标本归入披毛犀。它清楚地显示了这种披毛犀的一些原始的性状，如比普通的披毛犀更小，表明披毛犀应该起源于亚洲；但由于材料太少，当时并没有建立新种。后来，尽管没有发现更多的材料，德国古生物学家卡尔克（Hans-Dietrich Kahlke）还是以这件标本为正型创立了一个新种泥河湾披毛犀。根据少量材料，泥河湾披毛犀也被认为出现于青海省海南藏族自治州共和县及山西省运城市临猗县境内。

我们在2002年报道了在甘肃临夏盆地最早的黄土沉积中发现的一具完整的泥河湾披毛犀头骨及其下颌骨，地质年龄距今约250万年，邱占祥院

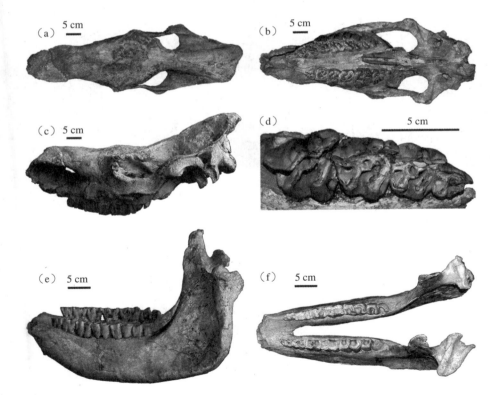

泥河湾披毛犀的头骨和下颌骨化石（a–c，头骨的背面视、腹面视和侧面视；d，上乳齿列冠面视；e–f，下颌骨的侧面视和嚼面视）

泥河湾披毛犀复原图（李荣山绘）

士等人在 2004 年对其进行了更详细的描述和对比。虽然在甘肃省临夏回族自治州和河北省张家口市阳原县发现的披毛犀属于同一个物种，但前者的地质年代更早，因此是当时世界上已知最早的披毛犀化石。在临夏盆地的发现对了解披毛犀的早期进化具有重要意义，因为其特征显示披毛犀至少在上新世就应该从真犀类中分离出来，而这一推断现在已经被在札达盆地发现的上新世的西藏披毛犀所证实。临夏盆地的材料显示泥河湾披毛犀的鼻骨非常强壮，一个巨大而粗糙的穹状角座几乎占据了整个鼻骨背面，在额骨上还有一个小型的中央角。临夏盆地的披毛犀化石发现于典型的早更新世午城黄土中，古地磁测定和生物地层学分析都显示这是中国最古老的第四纪黄土。与中国东部古土壤层密集的黄土不同，临夏盆地早更新世的黄土中古土壤层非常稀少和微弱，表明临夏盆地的气候条件更为严酷。黄土沉积时期的气候条件比古土壤时期干燥和寒冷，因为黄土是冬季风的产物，受到大冰期出现和青藏高原隆升的影响。临夏盆地的披毛犀化石出现于第四纪初期，也正是在这一时期，极地冰盖迅速增长，全球气候发生强烈变化，而全球冰量的变化通过陆地干旱和冬季强风极大地影响黄土的沉积。因此，临夏盆地的披毛犀是大冰期开始的一个重要指示。

普通的披毛犀与最进步的双角犀具有一致的头骨性状，只是前者更加发达。披毛犀的牙齿齿冠相当高，肢骨骨架显得非常沉重。临夏盆地的发现已经证明披毛犀在早更新世存在于华北，然后向北向西迁徙，在中更新世到达欧洲。在晚更新世，披毛犀比任何已知的现生和绝灭的犀牛都具有更大的分布范围，遍及整个欧亚大陆北部，从东面的朝鲜半岛一直到西面的苏格兰。

披毛犀是干冷草原上的食草者，非常适应寒冷的气候，具有宽阔的前唇和侧向扁平的鼻角，适合于刮开积雪来寻找干草。临夏盆地的披毛犀具有宽阔的鼻角角座，其强烈骨化的鼻中隔也是为了支持巨大的鼻角。这一特征显示，临夏盆地的披毛犀与其晚更新世的同类一样生活在冰期的严酷气候之中。

古生物学家对披毛犀的身体解剖结构知之甚详，因为有一些冻土地带或沥青沉积中的披毛犀干尸被发现，这些环境也保存了它们像毯子一样覆盖全身的厚重毛发。披毛犀曾经与人类的祖先共同生活在一起，原始人类把披毛犀的图像绘制在洞穴壁画上，使我们能够看到披毛犀生活时的样子。披毛犀的许多解剖特征趋同于非洲白犀，尽管它们完全属于不同的谱系。由于一些

石器时代人类绘制在洞穴壁画上的披毛犀

第二次世界大战前在波兰沥青湖中发现的披毛犀遗体

　　尚未明了的原因，披毛犀没有穿越白令陆桥，而它们的同伴，如猛犸象、野牛、高鼻羚羊以及人类都到达了北美洲。

　　披毛犀特殊的皮毛可以抵御北极圈的寒冷，所以它在古气候学中扮演了重要的角色，而欧亚大陆北部晚更新世的哺乳动物组合通常被称为猛犸象 - 披毛犀动物群。犀牛的角是哺乳动物中唯一全部由毛发胶结而成的无骨质角心的角，因此在动物死亡后，角因为腐烂而不能保存为化石。只有最晚期的披毛犀的角是个例外，有少量在西伯利亚的冻土地带和波兰的沥青湖中幸运地保存下来。另一方面，大多数早期的犀牛都是无角的，而具有角的犀牛在头骨上与角基接触的地方形成明显的粗糙面，可以据此在化石中判断犀牛是否有角，以及角的形状和大小。在所有已发现的披毛犀鼻角标本上都具有横向的条带，代表了年生长带，显示披毛犀生活的干冷草原具有强烈的季节性气候环境。

　　与以披毛犀为代表的冰期动物群相似，现代青藏高原以海拔高、多样性低、适应寒冷环境的哺乳动物群为特点，其中一半种类是该地区特有的，这主要是由于周边山地（如喜马拉雅山）和高原严酷环境的强烈阻隔作用。

常见的青藏高原现生大中型动物包括牦牛、藏野驴、盘羊、岩羊、藏羚羊、藏原羚、白唇鹿（*Cervus albirostris*）、猞猁（*Lynx lynx*）和雪豹等。根据包括布氏豹在内的最新研究结果显示，上述动物中的 6 种有化石或分子证据证明其起源于青藏高原。其中，岩羊、藏羚羊和雪豹可以追溯到晚中新世或早上新世的青藏高原化石记录；牦牛、藏野驴和盘羊根据强有力的分子生物学证据或详细的化石证据，显示其青藏高原的祖先种群产生了能够在晚更新世扩散到欧亚大陆北部"猛犸象草原"的后代，其中盘羊以及牦牛的亲戚野牛跨过白令陆桥迁徙到北美洲。所以，至少有一些高纬度全北界的冰期动物具有相当确切的青藏高原起源。它们在高海拔的高原范围内具有长期的适应过程，或者在更新世扩大了它们的分布范围，成为高纬度全北界动物群的重要成员。在极端的寒冷气候和稀薄空气中，青藏高原在上新世时期可能成为这些动物的适应基地。当冰期来临时，北极和北方的生态环境开始扩展，青藏高原动物群在与其他欧亚大陆北部甚至北美动物群的竞争中占据了优势地位。

　　玛王塘是一个化石丰富的地点，尤其是西藏披毛犀正型标本的层位。2012 年 7 月 9 日我们在玛王塘考察时顺着这一层位往公路方向搜索，又发现一些化石。我找到了一件中型动物的枕髁。地层中还有许多贝壳化石，有的保存得非常完整。天气依然很热，而且非常干燥，结果带的水全部都喝完了，这种情况还是来札达后的第一次。福桥特别细心，回来后又买了不少水果，给大家补充水分和维生素。

香孜草原

7. 香孜寻觅

赤塔镇山腰，生灵不寂寥。
羚羊追逐乐，兀鹫俯冲高。
——夏加林寺

　　2012 年 7 月 10 日，多云。看着这样的天，有些担心会下雨，尽管我们到目前为止还没有被雨水阻断过工作。香孜是关于札达听得最多的地名，有一个岩石地层单位就被命名为香孜组。这是将原来的札达组三分的结果，从下至上分别以札达县的地名命名为托林组、古格组和香孜组。显然，香孜也是札达盆地新生代沉积的重要分布区域，中国科学院青藏高原综合科学考察队曾报道了这里的长颈鹿类化石，鉴定为小齿古麟（*Palaeotragus microdon*）。该化石发现于 1976 年，而研究论文发表于 1981 年的《地层学杂志》上。由于有如此重要的线索，虽然道路条件很差，我们还是决定前去香孜进行踏勘。

　　沿着札山线前进，经过前两天找到化石的岔口，就离开砂石主路而驶上几乎没有维护的土路，继续向香孜方向行进。开始时顺着沟底走，然后逐渐上升到平台表面，最高处也像一个山口一样挂满经幡，土登和达瓦都在口中念着向山神祈祷的经文通过。然后就是一望无际的草原，但草完全是枯黄的，也看不到动物，不管是家养的还是野生的都没有。再向前，又重新下降到沟中，不远就是香孜，从札达出来到这里用时将近两个小时。

香孜是一个乡，规模不算小，有1 000多人，是札达县主要的农牧乡之一，也是札达县农牧并举、优势互补的重要乡镇。旁边的路人很好奇地看着我们的车队，或许是北京牌照的原因吧。乡政府就在香孜河畔，对面山上也有一个古格型的洞窟遗址，山顶上还有被称为古堡的生土建筑，也都是一片废墟。实际上，沿着香孜河不时能看到这样的洞窟群，只是规模要小一些。

我们顺河流往下，到加德农场。这里在利用河水灌溉，公路也就只到这里了。我们下车走到香孜河边，突然听见王宁兴奋却压低了声音说，看见蓝矶鸫了。王宁虽然现在研究鱼类化石，但他是毕业于北京师范大学的鸟类学博士，并且从小就喜欢生物学。在去野外考察时，他总是特别留意观察鸟类，并且对各地的代表性鸟类了如指掌。听到王宁的介绍，我知道蓝矶鸫在其他地方是很难见到的，但我觉得很累，没有去追。高伟体力不错，拿着相机跑了过去。可是这种小鸟很机灵，人向前走一点，它就往远处飞一点，但又不是太远，我猜想它也是在节省体力吧！

岸边都是土状堆积，但距基岩较远。我们打算去河另一侧，问了路，又返回上游方向过河，走了一阵便道就到了河边的其尼普村。村里还有一个小的诊所，村后的山崖上凿有不少石窟，看来自古格时代这里就是居民点了。跨过香孜河的桥仅仅架在河道中间上，是箱式的高桥，而桥两头的漫水部分

拉嘎村远景

写着英文标识的永久幸福茶馆

还只能从河道中走，车得加大马力冲过去。越过陡峭的河岸坡路，不远处就是我们刚才在加德农场看见的拉嘎村。村子不大，但竟然有一家写着英文标识的"永久幸福茶馆"，挺有意思。村民们正在搬运电缆，显然又有现代化的项目要上马，将进一步改善村民们的生活水平。向他们打听道路，村民说，我们要看的露头有他们的牧场围栏隔着，中间还有河道，是过不去的。我们考虑了一阵，决定下次再说。看到一匹藏野驴，王宁追了过去，拍了不少照片。看起来它的皮毛很斑驳，不知是否是换毛的原因。午饭在离村子远一点的空旷地带解决，以免村民围观，下午就返回县城了。

　　今天是多云天气，天空显得特别低，好像要压到头上，好处是比较凉爽。但傍晚云散了，太阳的威力依然强劲。王宁和吴飞翔到象泉河边下网捕鱼做标本，我跟着去拍鸟，有幸拍到了蓝矶鸫。他们当天没有网到鱼，不过几天后终于有了收获，是个头很大的高原裸裂尻鱼（*Schizopygopsis stoliczkae*）。回到旅店，我仔细查阅了笔记本电脑中保存的鸟类资料，对蓝矶鸫有了更多的了解。蓝矶鸫的体羽整体呈青石灰色，而雄鸟为暗蓝灰色，具淡黑及近白色的鳞状斑纹；叫声为恬静的呱呱叫声及粗喘的高叫声，以及短促甜美的笛音鸣声。它们常栖于突出位置如岩石、房屋柱子及死树，冲向地面捕捉昆虫。我拍到的一只蓝矶鸫就停在木头电杆顶部，也曾看见它们在悬崖边上鸣叫。

几天以后的 7 月 14 日，我们再去香孜，而预告了几天的雨，最后却变成了多云。有一阵都觉得雨就要来临，但最后还是以多云结束。风很大，这是当地的特点，吹得人都不知道该穿什么衣服了。

蓝矶鸫（*Monticola solitarius*）

过香孜乡政府后两次跨越香孜河，到达一条小溪旁，有细小的水流，但河床几乎是白色的，全都是盐碱的沉淀。这条小溪和香孜河一样，最后都汇入象泉河的支流特拉皮河。有水就要利用，所以溪谷中有放牧点。也正因为如此，才有一条可以行车的便道通向这里。我们兵分两路，在溪谷两岸寻找。上午我在右岸，但一点骨片都没有发现，只在一个层位发现大量植物碎片，此外就是介形虫。

中午回到车旁吃饭，这时王宁说在上游发现一具藏野驴骨架，于是我们

下视盐碱的溪流

死亡的藏野驴（赵敏摄）

下午就去这个现场。车能到达跟前，果然是一具藏野驴，能判断的有犹存的皮毛颜色，还有蹄上未钉马掌，但重要的上、下颊齿都已经缺失或损坏。我开始只想要一根掌骨和一根蹠骨，虽然动物已经死了两三年，但仍然难以去除干枯的皮肉。不过，在成功取到上述掌骨和蹠骨之后，又觉得需要尽量多的材料，结果是将能找到的三条腿的掌骨、蹠骨和趾骨以及腕骨与跗骨都取回来。下午去左岸，飞翔他们说发现了鱼骨化石，所以明天会再来。

7月15日依然是多云。为了在香孜多做一些工作，我们早晨8点吃饭，这样可以提前半个小时出发。路已经很熟了，司机师傅不需叮嘱，直接开到工作地点，耗时两个小时。

除了王宁、飞翔一队人去发掘鱼化石外，另5个人，包括我、王晓鸣、颉光普、李强和侯素宽一直走到小溪与特拉皮河的汇合处。对岸是大片的基岩，因此这里的札达组按照规律应有较多的化石。但实际上并不太丰富，大家工作一天的成果是找到一具三趾马下颌的残余牙齿和一组三趾马的掌骨。

这里的河岸完全是悬崖，有40～50米高。我们爬到山顶，但所有露头表面都有一层坚硬的泥壳，有些还密布塔形泥丘，每个丘上都顶着一枚小砾石。我们一直顺山梁往回走，直线距离是3公里，但不仅不能走直线，还要上上下下在山丘与沟谷中翻越。山顶上也没有路，只有岩羊长期走出来的小道，小道的边缘尚残留有单个的蹄印，而小道中央反复遭受践踏以至于看不出什么特征来。岩羊并无固定兽径和栖息场所，但它们常去的饮水地点比较固定，

王宁和吴飞翔在采集鱼类化石（高伟摄）

而在这些山脊上可供选择的通行处并不多，因此就形成了它们反复踩踏的小道。当然，最明显的是有不时出现的羊粪疙瘩，所以不是"羊肠小道"，更应该叫"羊粪小道"。由于有岩羊的开拓，而它们选择的都是最合理的捷径，我们就沿着这些小道顺利前进。到中午时，太阳直射，毫无阴凉处，就在山顶野餐。我们只能尽量把头贴着岩石，以躲过刺眼的阳光。

我们下午继续翻越，并在一路上观察地层，都是札达组的泥岩和砂岩沉积，在层面上可以见到一些植物碎屑富集。我们一直在山顶，最后还是要回到河谷去，但努力几次下到半山腰，都是遇到太陡太高的悬崖，只得重新回到山顶。费力爬了好长的距离，才发现我们原来没有沿岩羊的小道走。终于找到一条大沟，虽然沟壁仍然陡峭，但好歹不是垂直的，这就有下山的可能。小心翼翼地手脚并用，还得益于雨水将山坡表面冲刷得凹凸不平，凸起处都相当尖锐，最后干燥成型，形成摩擦力和附着力强大的粗糙面，使我们不至于滑落。终于下来，可累坏了，胳膊和腿都由于紧张和用力而酸胀。大家回来一交流，今天的经历大都如此。最后收队时，比约定的时间晚了将近两个小时。

鱼类化石也有收获，有不少标本，但都较为破碎。然而在前几年的考察中，赵敏已发现过相当漂亮的鱼类化石，经张弥曼院士研究属于高度特化的裂腹鱼。赵敏当时在张老师的指导下从事博士后研究，现在在美国田纳西州范德堡大学医学院继续深造。他是户外运动的高手，身体素质特别好，跟我们一道在藏北伦坡拉盆地考察时，竟然敢到扎加藏布中游泳，而我们待在岸上还

裂腹鱼化石

担心感冒。赵敏在他的博士后报告中认为，札达盆地的鱼类化石与现今仍然生存在象泉河流域的高原裸裂尻鱼极为相似，所以在其生存的上新世时札达盆地至少有现今的海拔高度，与我们根据其他方面证据得到的结论一致，这对于恢复札达盆地的古环境具有重要指导价值。

王宁他们还遇见了大群的岩羊，证明我们确实走的是羊道。王宁跟随这群岩羊攀岩越沟，拍下不少精彩的画面。从王宁拍的照片中可以看到，它们显然是看到有人吃了一惊，这时其独特的能力就体现出来，立即在乱石间迅速跳跃，并攀上险峻陡峭的山崖。岩羊攀登山峦的本领在有蹄类哺乳动物中是无与伦比的，只要在悬崖峭壁有一脚之棱，它们便能攀登上去，一跳可达两三米；若从高处向下，更能纵身一跃 10 多米而不摔伤。

岩羊是国家二级重点保护野生动物，其体型为中等大小，体长 1 米多，肩高则不到 1 米，体重可达 60 ~ 75 千克。它们的体色与草地上的裸露岩石极难分辨，因而有保护作用。雌雄岩羊都长角，但雄性的角明显更粗大，记录到的最大长度是 85 厘米。岩羊的角看起来比较简单，不盘旋，仅略微向后下方弯曲，角尖轻度偏向上方。整个角的表面都比较光滑，末端尖细，角基略有一些粗而模糊的横棱，横切面为圆形或钝三角形，虽然没有盘羊和北山羊角那样奇特，但也因为特别粗大，显得十分雄伟。岩羊以青草和各种灌丛枝叶为食，但到冬季就只能啃食枯草了。

岩羊是典型的高原动物，喜欢生活在林线之上的山地，特别是海拔 4 000 ~ 6 000 米之间的高山裸岩地带，不喜欢生活在森林及灌木丛中。它们有较强的耐寒性，因此我们能在香孜这样的地方见到成群的岩羊。实际上，我们在珠穆朗玛峰下的高寒地带也看到过集大群的岩羊。

先前已知的岩羊化石分布于中、晚更新世的华北地区，最远到达东北的辽宁，位于青藏高原东北方向超过 1 800 公里。然而，其更新世记录都来自山区或洞穴，对岩石地带如此喜爱是岩羊不能像披毛犀一样向更北扩展的主要原因。在札达盆地的西藏披毛犀化石地点附近发现了可能是岩羊祖先类型的完整角心化石。岩羊具有山羊和绵羊的混合性状，但与山羊的关系更近。札达的这件化石标本的角心向两侧分开，横截面半圆形，表面相当光滑，在现生的青藏高原牛科动物中最接近岩羊；然而，其角心的方向仍然有显著的向后趋势，与现代和更新世种类完全指向外侧不同，显示上新世的西藏的这个种类更加原始。如果这个角心确实属于岩羊，或其更原始的亲缘类型，则岩羊是冰期动物起源于青藏高原的又一例证。

　　7月16日是此次札达考察的最后一天野外工作，明天将在室内整理标本。来了这么久都没有下过真正的雨，所以也没有耽误我们的工作。今天的天气预报是晴天，25℃，又是一个工作的好天，虽然很热。

　　从地图上看札达县曲松乡一带有札达组的沉积，因为距基岩很近，是一个含化石的有利地点。考察队以前从未去过曲松，一来路途遥远，二来有边防检查站，很难通过。这次主要是探路，从图上看单程就超过两百公里，所以三辆车都加满了油才出发。这里最好的油就是90号，只能凑合用了。

　　先要经过香孜，再到加德农场，结果前车带错了路，走上了到底雅的新修公路。翻越一座大山后，公路直下一条巨大的石灰岩峡谷。我们及时返回，再沿正确的方向，从香孜河与特拉皮河汇合处向北走。开始时走特拉皮河的西岸，然

岩羊的一家（王宁摄）

后在河水较浅处跨到河的东岸。没有什么正规的道路，完全是机耕道性质，沿这条道路也有很多村子，村后的山上都有古格僧侣曾经修行的洞窟。其中一个村子附近的夏加林寺还是札达的旅游点，有两座特别漂亮的红色覆钵式佛塔，但在这样的道路条件下普通游客是无法前来的。也正因为如此，我们到寺跟前时遇见铁

特拉皮河谷

夏加林寺

将军把门，顺便就在寺前的空地午餐了。环顾四周，可以看见对岸的台地上藏原羚在不停地奔波，上空有胡兀鹫虎视眈眈地盘旋着。

藏原羚

藏原羚俗称为西藏黄羊，体长不超过 1 米，体重不到 20 千克，它们以其左右各一块较大的白色臀斑和其雄性一对较细小的角与藏羚羊很容易相区别。藏原羚为典型的高原动物，结群活动，栖息的海拔高度在 3 000 ～ 5 100 米之间，主要以莎草科和禾本科的草本植物为食，香孜这样的高寒草甸正是它们喜欢的生活场所。藏原羚很机警，远远看见我们的车，立刻准备起跑。当我们再靠近，它们就迅速奔逃，到一定距离后再停下来，好奇地回头张望。

胡兀鹫 (*Gypaetus barbatus*)

胡兀鹫的全身羽色大致为黑褐色，头灰白色，头和颈都不像秃鹫、兀鹫那样裸露，而是具有锈白色的完整羽毛，其名字中的"胡"来源于吊在嘴下的黑色胡须。胡兀鹫也是高山裸岩地带的凶猛鸟类，尤其喜欢栖息于开阔地区，青藏高原正是它们的天堂，据观察可以飞越超过 8 000 米的山峰。胡兀鹫在空中长时间地滑翔和盘旋是为了观察地面的食物，其头向下低垂，并不断左右转动，眼睛紧盯着地面，主要寻找像藏野驴和藏原羚这样大中型动物的尸体。它们是典型的食腐动物，但也猎取活的小型动物。

我们再往前到札达县香孜乡夏朗村，又遭遇一条峡谷。越野车爬上基岩峭壁，往下看万丈悬崖，很有些怕人。过峡谷后大家商量，到曲松乡还非常遥远，今天根本不可能到达，要转到正规公路也是未知数，最后决定原路返回。

拉嘎村南面的一片区域被考察队命名为野驴沟，2010 年的野外工作期间曾

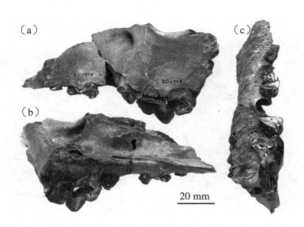

(a)

(b)

(c)

20 mm

雪山豹鬣狗头骨（a，外侧视；b，内侧视；c，嚼面视）

在这里发现大量化石地点，采集到的标本中包括豹鬣狗这种奔跑型鬣狗的化石。野驴沟的道路艰险，进出非常困难，因此考察队就在此安营扎寨，以便更好地开展工作。志杰、李强和晓鸣2013年在北美古脊椎动物学会的英文专业期刊《古脊椎动物学报》上发表的论文中将札达的材料描述为一个新种——雪山豹鬣狗

（ *Chasmaporthetes gangsriensis* ），其正型标本产于札达沟的 ZD0908 地点，它的体型小于其他分布于欧亚大陆上新世至更新世的豹鬣狗，具有相当宽阔的前臼齿，其指节骨细长，指示其善跑的能力[1]。雪山豹鬣狗的准确时代为上新世早期，化石年龄为距今 489 万 ~ 408 万年。它在形态上处于中国上新世豹鬣狗的最基

准备扎营（李强摄）

① Tseng Z J, Li Q, Wang X M. 2013. A new cursorial hyena from Tibet, and analysis of biostratigraphy, paleozoogeography, and dental morphology of *Chasmaporthetes* (Mammalia, Carnivora). *Journal of Vertebrate Paleontology*, **33**: 1457-1471.

野驴沟营地（赵敏摄）

干位置，与冰期动物群"走出西藏"的假说吻合。根据亚洲和北美洲豹鬣狗赋存地层的对比，指示豹鬣狗属在上新世中期扩散到新大陆，其祖先接近于欧亚大陆变异性较大的卢纳豹鬣狗（*C. lunensis*）。雪山豹鬣狗的混合性状指示它们可能存在第二次扩散，因为其下牙的第四前臼齿与第一臼齿之比显著小于其他的豹鬣狗。

雪山豹鬣狗生态复原图（Julie Selan 绘）

回去的路上可以清晰地看见此段喜马拉雅山的最高峰，即海拔 7 816 米、白雪皑皑的楠达德微山。雪山、草原、美丽的寺庙，西藏给人印象最深的景观都展现在眼前，谁都会被迷住的。虽然今年的干旱特别严重，在这里就没有看见过真正的下雨，只是偶尔一朵云抛下几滴水来，一阵风就吹散了，但草原变成了金黄，似乎特别漂亮。然而，那些在草原上觅食的动物就困难了，旱獭还比较多，鼠兔则很少见到。

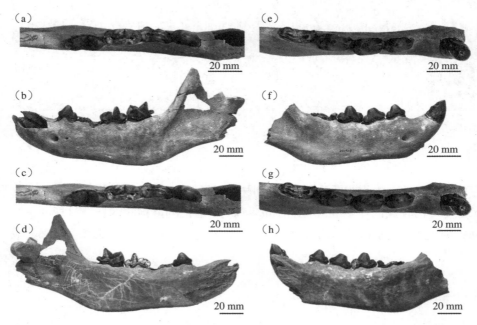

雪山豹鬣狗下颌骨（a, c：左齿骨支嚼面的立体照片；b，左齿骨支外侧视；d，左齿骨支内侧视；e, g：右齿骨支嚼面的立体照片；f，右齿骨支外侧视；h，右齿骨支内侧视）

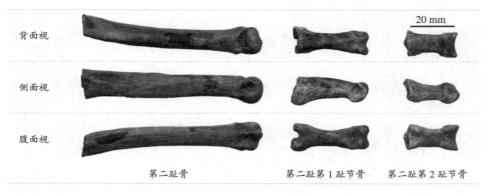

雪山豹鬣狗脚骨

达巴沟的地层（李强摄）

8. 高山流水

> 乳色水淙淙，冰泉冷意浓。
> 千年孤寺在，世外不争锋。
>
> ——玛朗

2012 年 7 月 13 日，天气晴朗。我们去札达盆地东南的达巴沟方向，这里也是札达土林的一个主要景区。坐在越野车里我也在沟中识别出了编号为 ZD0918 的札达三趾马骨架化石的产出地点，因为反复仔细地在照片上研读过。那是 2009 年李强带队采集到的最好的标本，当时的队员有颉光普、侯素宽、赵敏，时福桥、王平和扎西担任驾驶员。王平的驾驶技术高超，同时还是修理小型哺乳动物化石的好手。扎西是一个典型的康巴汉子，他的面容与寺院壁画上的力士如出一辙。他们最先在斜坡上发现一些散落的化石碎片，然后顺藤摸瓜，找到了这具相当完整的骨架，只是头骨已经风化得所剩无几。实际上，1990 年时中国地质大学的研究人员建立的新种札达三趾马（*Hipparion*

发掘札达三趾马骨架（李强摄）

筛洗砂样（李强摄）

zandaense ），其正型标本为一个几乎完整的头骨，也是发现于达巴村附近。

我们于 2012 年在《美国国家科学院院刊》（*PNAS*）上发表论文，对 2009 年发现的这具三趾马骨架化石进行了运动功能分析，证明札达三趾马是一种生活于高山草原上、善于奔跑的种类，从而重建其生态环境，并藉此恢复了青藏高原在距今约 460 万年前的古海拔高度[①]。札达三趾马生活的开阔环境在札达盆地所处的陡峭的青藏高原南缘应位于林线之上，根据与现代植被垂直带谱的对比并经古气温校正，札达盆地当时的海拔高度约为 4 000 米，由此证明西藏南部在上新世中期达到现在的高度。

早期在青藏高原发现的三趾马化石曾经为研究高原的隆升历史提供了坚实的证据，其中就包括在札达发现并被命名为札达三趾马的头骨和下颌骨。新的三趾马骨架化石的牙齿特征指示其属于札达三趾马，古地磁测年结果显

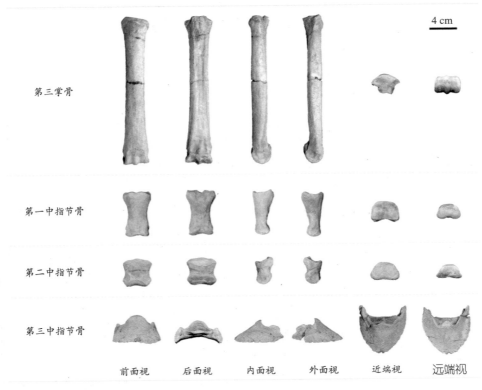

札达三趾马的右前脚骨骼

---

① Deng T, Li Q, Tseng Z J, *et al*. 2012. Locomotive implication of a Pliocene three-toed horse skeleton from Tibet and its paleo-altimetry significance. *PNAS*, **109**: 7374-7378.

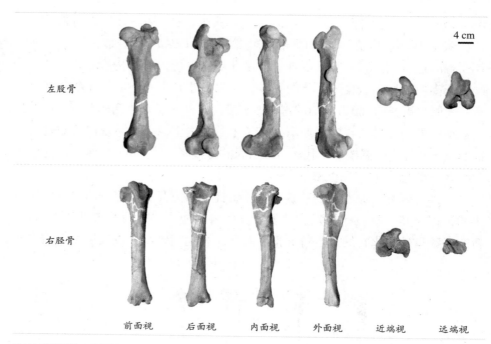

<table>
<tr><td>左股骨</td></tr>
<tr><td>右胫骨</td></tr>
</table>

| 前面视 | 后面视 | 内面视 | 外面视 | 近端视 | 远端视 |

4 cm

札达三趾马的后腿骨骼

示其埋藏的地层形成于距今约 460 万年前，在地质年代上属于上新世中期。由于骨骼化石的形态和附着痕迹能够反映肌肉和韧带的状态，所以可以据此分析绝灭动物在其生活时的运动方式。札达三趾马的骨架保存了全部肢骨、骨盆和部分脊椎，因此提供了重建其运动功能的机会。

札达三趾马细长的第三掌蹠骨及其粗大的远端中嵴、后移的侧掌蹠骨、退化而悬空的侧趾、强壮的中趾韧带、加长的远端肢骨等，都与更快的奔跑速度相关联；其股骨上发达的滑车内嵴是形成膝关节"锁扣"机制的标志，这一机制能够保证其腿部在长时间的站立过程中不至于疲劳。更快的奔跑能力和更持久的站立时间只有在开阔地带才成为优势，一方面茂密的森林会阻碍奔跑行为，另一方面有蹄类动物在开阔的草原上必须依赖快速的奔跑才能逃脱敌害的追击。三趾马是典型的高齿冠有蹄类动物，札达三趾马的齿冠尤其高，说明它以草本植物为食。食草行为从营养摄入的角度来说是低效率的，因此需要非常大的食物量才能够保证足够的营养。所以，食草性的马类每天必须花费大量的时间在草原上进食，同时必须保持站立的姿势，以便能随时观察潜在的捕食者。札达三趾马的一系列形态特征正是对开阔草原而非森林的适应。与其相反，欧洲的原始三趾马（*Hipparion primigenium*）的形态功能指示了它们明显更弱的奔跑能力，则是对于森林环境的适应性状。

自从印度次大陆在大约距今5 500万年前与欧亚大陆碰撞之后，青藏高原开始逐渐隆升。喜马拉雅山脉至少自中新世以来已经形成，由此也产生了植被的垂直分带。开阔环境本身并不存在与海拔高度的直接关系，在世界上不同地区的不同高度，从滨海到极高山都有可能出现草原地带。然而，青藏高原的南缘由于受到板块碰撞的控制，在高原隆升以后一直呈现高陡的地形，因此开阔的草原地带只存在于其植被垂直带谱的林线之上。札达盆地位于青藏高原南缘，因此其植被分布与喜马拉雅山的垂直带谱紧密相关。札达地区现代的林线在海拔3 600米位置，是茂密森林和开阔草甸的分界线。另一方面，稳定碳同位素分析也证明上新世的札达三趾马主要取食高海拔开阔环境的 C_3 植物，与现代藏野驴存在相同的食性。

札达三趾马所生活的距今约460万年前对全球来说正处于上新世中期的

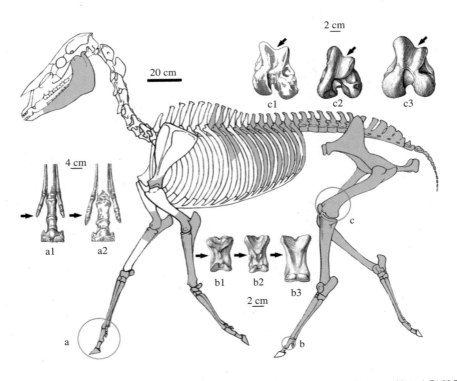

札达三趾马化石骨架的复原及三趾马的一些功能形态特征的对比（a，前脚；b，第三中趾节骨；c，股骨远端；a1，札达三趾马；a2，原始三趾马；b1，西藏三趾马；b2，札达三趾马；b3，家马；c1，原始三趾马；c2，札达三趾马；c3，家马）

温暖气候中，温度比现代高约 2.5℃。按照海拔每上升 100 米气温约下降 0.6℃ 的气温直减率，则札达三趾马生活时期札达地区的林线高度应位于海拔 4 000 米处。札达三趾马骨架化石的发现地点海拔接近 4 000 米，因此我们可以判断出札达盆地在上新世中期达到其现在的海拔高度。

在西藏自治区那曲地区比如县境内发现的西藏三趾马（*Hipparion xizangense*）也包括肢骨材料，特别是远端部分，其地质时代是晚中新世早期，年龄距今约 1 000 万年前。西藏三趾马的掌蹠骨比例与森林型的原始三趾马几乎完全一致，指示它们具有相同的运动功能，说明西藏三趾马应生活于林线之下的森林中。在西藏自治区日喀则地区吉隆县境内发现的福氏三趾马（*Hipparion forstenae*）的时代为距今约 700 万年前的晚中新世晚期，我们于 2006 年在英文学术期刊《地质学》上发表的釉质稳定同位素研究已指示其生活的海拔高度为 2 900 ～ 3 400 米[1]。因此，在西藏自治区的比如县、吉隆县、札达县境内发现的不同时代的三趾马代表了不同的海拔高度，清晰地描绘出

两匹札达三趾马在开阔草原上飞驰而过的想象图（陈瑜绘）

---

① Wang Y, Deng T, Biasatti D. 2006. Ancient diets indicate significant uplift of southern Tibet after ca. 7 Ma. *Geology*, **34**: 309-312.

西藏三趾马复原图（陈瑜绘）　　　　　　福氏三趾马复原图（陈瑜绘）

青藏高原逐步隆升的过程。

　　札达三趾马的肢骨在比例上非常接近藏野驴，特别是其细长的掌蹠骨，与平原地区的三趾马存在显著差异。显然，藏野驴和札达三趾马在形态功能上发生了趋同进化，这是适应相同高原环境的结果，由此进一步支持了根据札达三趾马化石所作出的青藏高原古环境和古高度判断。

　　随着越野车的前进，我们从达巴沟内逐渐上升到平台表面，眼前是一望无际的枯黄稀疏草被。车一直开到平台边缘，这里的沟切割很深，一直连接到象泉河切穿基岩而形成的幽深峡谷。由于悬崖过度陡峭，充满危险，我们没从这里下去观察剖面。

　　继续前进，再次下到河谷低处，这是象泉河的支流玛朗曲。喜马拉雅山的皑皑雪峰送来了冰凉的融水，由于有丰富的矿物质，河水呈现出乳白色。河水滋润着岸边的小村庄玛朗，村子中央是有千年历史的玛朗寺。孤独的喇嘛每天开门迎接虔诚的信众，里面有释迦牟尼像，还有不少壁画。寺被玛尼石堆成的长墙拥抱，寺旁有一红一白两座佛塔，白塔上绘有尼泊尔风格的慧眼。玛朗的村民不多，可绵长厚实的玛尼墙堆积了多少世代的人力心愿？红白双塔镇住了妖魔还是慰藉了灵魂？地面上堆满制作精美的擦擦，委身尘泥的佛像依然绽放出恬静的微笑。擦擦是用金属或其他材料的印模制作的各式小型泥像，是藏传佛教中最常见的物品之一，它作为高原佛教信众的供奉与积善的象征，流行的时空范围非常广。

　　村里有许多巨大的杨树和柳树，不知有多少年的历史。河畔的悬崖上凿满古格石窟，这些古格僧侣曾经修行的洞天现在已成了岩鸽（*Columba rupestris*）的巢穴。我们就在村头的大树下午餐，旁边的水塘里有从容不迫的赤麻鸭（*Tadorna ferruginea*），草丛中有叽叽喳喳吵个不停的红嘴山鸦。

　　下午驱车到玛朗曲的高阶地，美国亚利桑那大学的舍勒尔（Joel Saylor）

强烈侵蚀的沟壑

博士在这里测制剖面时曾发现有化石的线索。舍勒尔现在是休斯顿大学地球与大气科学系的助理教授,他一直在跟我们合作,共同探究札达盆地的演化历史。越野车艰难地在砾石和沙丘上前进,最终把我们送到阶地下。我们徒步爬上两级阶地,散开来在大面积的露头上仔细搜寻。光普获得了重要的发现,找到了三趾马下颌残部,带有颊齿和犬齿,李强还找到了三趾马的距骨化石。

我们的考察就止于玛朗村,但如果沿达巴沟继续向南,就是有名的尼提山口,不过在地图上没有标注。从位置上看,尼提山口在札达的均郎以北,再往南还有一个藏语地名叫然冲。

7月17日,晴。这是来到札达后唯一没去野外的一天,大家待在旅店里整理标本,装箱装车,为明天的出发做准备。我也抓紧时间处理一些事,主要是回复邮件,而有的邮件很费事,比如修改学生的论文。昨天回到札达县城后第一次到网吧用无线上网,发现相当贵,1元钱才10分钟,但速度还是比较快,可以方便地与外面的世界保持联络。

来札达的这些日子很有规律，一直住在重庆旅店而没有搬家。每天到四川老乡开的饭馆吃饭，三餐都是同一家，只有四张桌子，招牌上却打的是兼营川菜和粤菜。中午虽然没回来，但也是从这一家带的饭菜。夫妇俩是四川省南充市西充县人，而现在正是暑假期间，一双在内地上大学的儿女也来西藏给父母帮忙，其实也是给自己帮忙，用于筹集学费和生活费。

下午把车都装好了，我就和王宁到象泉河边去拍鸟。晚饭后洗了一个澡，也许到拉萨之前再也洗不成了，一是条件限制，二是后面要去的地方海拔更高。洗澡确实很累，更重要的是担心感冒。

这次在札达盆地的考察结束了，我们取得了非常大的收获。札达盆地沉积了 800 米厚的新生代湖相砂泥岩，记录了青藏高原几百万年来的变化。那时盆地的湖水宁静，逐渐隆起的喜马拉雅山将细粒的风化剥蚀产物慢慢地倾泻下来。当象泉河切穿屏障，湖水汹涌澎湃地汇入印度河并奔向大洋后，湖面便干涸了。堆积的泥沙在流水的侵袭下显现出各种奇怪的地貌，与古格的生土建筑混为一体，不知道何为土林，何为城堡。

由于札达盆地在研究青藏高原隆起上的重要意义，过去十多年来已经报道有 4 个各自独立进行的古地磁测年工作，为确定各个哺乳动物化石地

眺望喜马拉雅雪峰

玛朗村中的玛朗寺

点的年龄提供了重要的基础。这些磁性地层学剖面都贯穿了札达盆地 800多米厚度的新生代沉积，得到可以相互印证的类似结果。不过，它们缺乏准确的哺乳动物化石时代制约，除了 1981 年发表的小齿古麟和 1990 年发表的札达三趾马，札达盆地后来又报道了少量哺乳动物化石，包括发现于丁丁卡地区的鼠兔颊齿和犀牛掌骨。除了这些零星的报道，在我们 2006年开始组织对札达盆地进行专题的古脊椎动物化石考察之前，再无系统的工作，因此我们根据新发现的哺乳动物化石对原来的磁性地层学结果进行了重新厘定和解释。

　　新发现的札达盆地哺乳动物化石包括高冠松鼠（*Aepyosciurus*）、微仓鼠（*Nannocricetus*）、原鼢鼠（*Prosiphneus*）、比例克模鼠（*Mimomys bilikeensis*）、姬鼠（*Apodemus*）、奇异三裂齿兔（*Trischizolagus mirificus*）、鼠兔（*Ochotona*）、貉（*Nyctereutes*）、狐（*Vulpes*）、豺（*Xenocyon*）、獾（*Meles*）、鼬（*Mustela*）、雪山豹鬣狗、布氏豹、嵌齿象、札达三趾马、真马（*Equus*）、西藏披毛犀、祖鹿（*Cervavitus*）、后麂（*Metacervulus*）、岩羊、旋角羚（*Antilospira*）和库羊等，这些化石首次为札达的沉积物定年提供了迄今为止最严格的时代约束。特别关键的是，在沉积序列的下部发现了一个小哺乳动物化石组合，其中最具时代意义

玛尼堆的刻石

委身泥土的擦擦

安静的村庄玛朗

成群的岩鸽

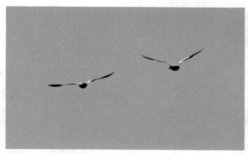

远去的赤麻鸭

红嘴山鸦（*Pyrrhocorax pyrrhocorax*）

的是模鼠，包括 3 枚上臼齿和 1 枚下臼齿。札达的模鼠材料在齿冠高度方面与内蒙古早上新世的比例克模鼠最接近，后者是这类啮齿动物在中国的最早代表，它在西西伯利亚的早上新世第一次出现，很快扩散至亚洲北部、欧洲和北美洲。大型食肉类动物中的豹鬣狗、狐、貊和獾提供了更多的时代约束，这些属在亚洲的首次出现都在上新世。从整体上看，札达沉积序列的中部产出了典型的上新世哺乳动物群，而其下部为中新世，上部为更新世属性。依据新发现的哺乳动物化石时代约束对已发表的古地磁剖面进行重新解释，显示札达盆地新生代沉积物的年龄为距今 640 万 ~ 40 万年。

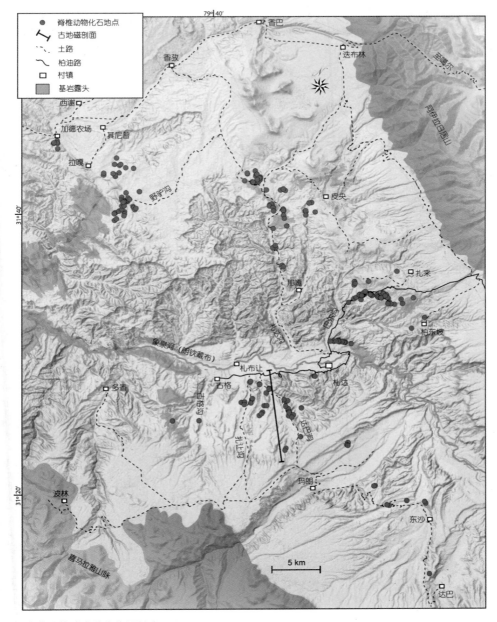

札达盆地的哺乳动物化石地点

我们考察队以王晓鸣为首于 2013 年在英文学术期刊《古地理、古气候、古生态》上发表了札达盆地新生代地层和化石的综合研究论文，系统总结了 2006-2012 年间所开展的生物地层工作[①]。我们共发现 200 多个化石地点和数以千计的脊椎动物化石标本，目前鉴定出的动物化石共计 33 种，包括

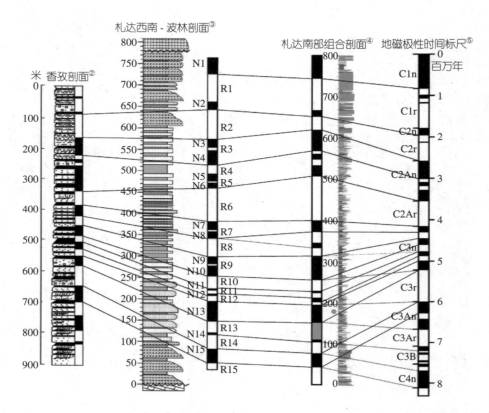

札达盆地新生代地层的古地磁年龄测定（N1 ~ N15 为实测剖面中的古地磁正向极性，R1 ~ R15 为古地磁倒转后的反向极性，C1n ~ C4n 为古地磁年表中的极性编号）

① Wang X M, Li Q, Xie G P, et al. 2013. Mio-Pleistocene Zanda Basin biostratigraphy and geochronology, pre-Ice Age fauna, and mammalian evolution in western Himalaya. *Palaeogeography, Palaeoclimatology, Palaeoecology*, **374**: 81-95.
② 钱方. 1999. 青藏高原晚新生代磁性地层研究. 地质力学学报, **5**(4): 22-34.
③ 王世锋，张伟林，方小敏，等. 2008. 藏西南札达盆地磁性地层学特征及其构造意义. 科学通报, **53**(6): 676-683.
④ Saylor J E. 2008. The Late Miocene through Modern Evolution of the Zhada Basin, South-western Tibet. Tucson: Department of Geosciences, University of Arizona, 1-306.
⑤ Lourens L, Hilgren F, Shackleton N J, et al. 2004. The Neogene Period. In: Gradstein F M, Ogg J G, Smith A G (eds). A Geologic Time Scale 2004. Cambridge: Cambridge University Press, 409-440.

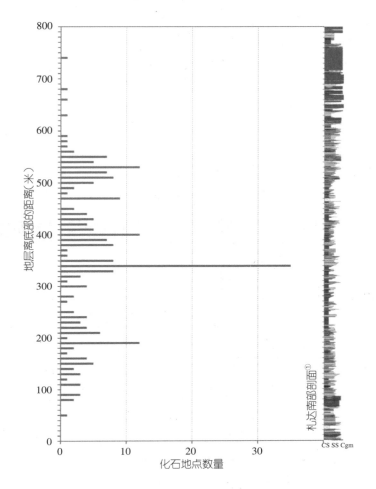

札达盆地不同层位的哺乳动物化石地点丰富度

裸裂尻鱼（裂腹鱼类）、鸵鸟（蛋片）和31种哺乳动物，证实札达盆地是目前青藏高原上脊椎动物化石多样性最高的晚新生代盆地。在札达盆地超过800米的晚新生代巨厚地层中，我们发现的哺乳动物化石可以分为3个时代组合：包括鼠兔、雪豹、库羊、古麟和三趾马的晚中新世哺乳动物组合，分布于剖面下部的150米地层，年龄为距今640万～530万年；包括原鼢鼠、模鼠、姬鼠、三裂齿兔、西藏披毛犀、札达三趾马、豹鬣狗、貂、獾和旋角

① Saylor J E. 2008. The Late Miocene through Modern Evolution of the Zhada Basin, South-western Tibet. Tucson: Department of Geosciences, University of Arizona, 1-306.

羚的上新世哺乳动物组合，集中在剖面中部 150 ~ 620 米的地层内，年龄为距今 530 万 ~ 260 万年；剖面上部 620 ~ 800 米的地层含哺乳动物化石比较稀少，但真马的出现无疑证明其年代属于更新世。札达盆地哺乳动物化石种类中的大部分属于中国北方及东亚新近纪的常见种类，但也有不少是青藏高原的特有种类，如鼠兔、雪豹、岩羊、高冠松鼠和库羊等。尽管札达盆地在地理上紧邻喜马拉雅山南麓的经典的西瓦立克动物群地点，但两者之间明显缺乏共同成分。

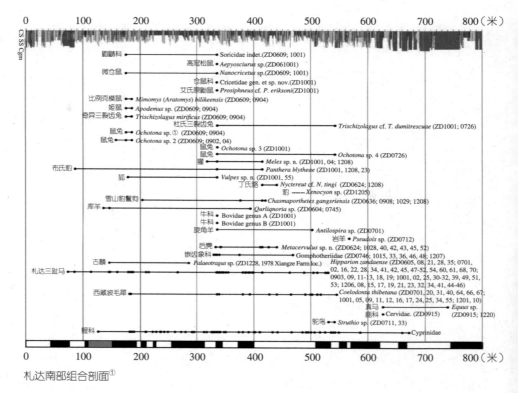

札达南部组合剖面①

札达盆地哺乳动物化石的时代分布

① Saylor J E. 2008. The Late Miocene through Modern Evolution of the Zhada Basin, South-western Tibet. Tucson: Department of Geosciences. University of Arizona, 1-306.

碧水蓝天岩石山

9. 班公水禽

河曲绕湖长，禽居碧苇塘。
鸥群飞舞乱，雁阵渡游忙。
虬劲生红柳，云浮走白羊。
澄明清见底，布网作鱼舱。
　　　　　　——乌江村

　　2012 年 7 月 18 日，天气晴朗。知道要出发，很早就醒了。我发现每天早晨我都是第一个起来，至少我们的房间是第一个亮灯的。收拾好行李，反复检查，然后装车。8 点半到西充老乡的饭馆早餐，跟店主告别。考察队从 2006 年就一直在这个饭馆吃饭，问起店主的打算，夫妇俩说再干两三年，等儿女大学毕业就回四川去了，在这里每天起早贪黑实在太辛苦。

　　离开札达，一路好风光，我们又在高处停下来观赏喜马拉雅山的雪峰。翻越阿伊拉日居山，重新回到 219 国道上的巴尔兵站，我们将在这里暂时分为两队，王晓鸣率两车 6 人去噶尔县的门士乡，包括我在内的另外两车 6 人去班公错。虽然只有两天的分别，但大家还是依依不舍，特别是在这样荒凉遥远、人烟稀少的地方，集体的力量更强大，也让人觉得更亲切。

去往阿里的公路非常好，路面平整，也没有什么大山要翻越，一直顺着谷地前进，到噶尔县昆莎乡还看见了机场，说明现在西藏的交通已变得非常便捷。昆莎机场是 2007 年 5 月破土动工的，土登很自豪地说他也曾参与建设。机场在 2010 年 7 月 1 日正式通航，是西藏西部唯一的机场，从拉萨过来的航程不到 2 小时，从此阿里与世界的距离更加亲近。我在 2001 年第一次来西藏时就听到从 2000 年开始筹建阿里机场的计划，经过 10 年的艰苦努力，数易选址，无数建设者付出了艰辛的劳动，终于在 4 274 米的高海拔地区建成这座空港。

中午时分到达狮泉河，不小心出了一个差错：我下车前看过手机，没有放回口袋，就在腿上的衣服堆里搁着。一开门下车，手机掉到地上，这时高伟驾驶另一辆车缓缓过来准备停下，我大喊一声，但他没有听见，车轮正好碾在手机上。我想彻底完了，拿起来看屏幕已破，但土登检查后说电话可以打，果然如此，只是屏幕没有了任何显示。土登带了两个手机，给我一个换上卡临时用着，这样短信和闹钟也解决了。回北京去再换个屏幕吧，因为我不喜欢扔掉用惯了的东西。

饭后离开噶尔，也就是狮泉河镇，向班公错进发。其实关于阿里的称谓，常常让一些人感到迷糊：阿里地区的首府在噶尔县的县政府所在地狮泉河镇，也就是说，狮泉河既可以称为噶尔，也可以称为阿里，这个地方有三个名字。更有意思的是,这三个地名与不同的民族有关：阿里是古藏语,其含义是"领地"或"国土"；噶尔是藏语，意为"兵营"或"帐篷"，因清政府派蒙古族将领率军来此打退敌军，当时清军曾在此扎营,因而得名；狮泉河是汉语,是藏语"森格藏布"的意译,但森格藏布只是河名,而狮泉河既是河名,也是镇名。

班公错东西跨越我国西藏自治区阿里地区日土县和印控克什米尔之间，是一个国际性湖泊，东部的 4/5 在我国境内，仅有西侧的 1/5 在印控克什米尔地区。湖的北面是巍峨的喀喇昆仑山，南面耸立着冈底斯山余脉，两山紧紧夹持，湖泊正是由于崩塌的岩石阻塞狭窄的山谷而自然形成。班公错的名字来源于拉达克语，而拉达克语其实是西部古藏语的一种方言，因此也跟藏语一样把湖称为"错"。班公错的藏语名字是错木昂拉仁波，意为"鹅脖子长湖"，显然是形容这个湖泊细长的形态。确实，班公错是一个狭长的高山湖泊，海拔 4 240 米，东西长约 155 公里，南北宽 2 ~ 5 公里，据介绍最窄处只有不可思议的 5 米。当然，这个 5 米的距离实在太窄，后来我们一路观察也没有看到，见过的最窄处有 50 米，坐标点是北纬 33°40'、东经 79°37'，也许 5 米的宽度数据是最枯水的时候在此处测得的吧。更为奇特的是，班公错的东部为淡水，盛产鱼；西部则变成了咸水，盛产虾，这是由于东部的来水大于蒸发量，而西部恰好相反的缘故。它的来水源自北面和东面山区的许多河流，出水向西汇入印度河的支流。

日土的藏语意思，按书上的解释是"枪叉支架状山下"，而我很怀疑这两个音节会有这么复杂的含义，于是向土登请教。他一开始不知道怎么把日土翻译成汉语，我问他是不是"枪叉支架状山下"，他也不敢肯定，觉得也许是吧。到日土的路非常好，主要在麻嘎藏布的河谷中穿行，但河谷中并没有明显的水流，只是有些地段可以见到湿地。经过日土县日松乡的检查站之后，河谷中逐渐有水，快到县城时还有一个电站。棕头鸥在空中翻飞，预示着班公错快到了。

经过日土县城，我们直接去湖边。但一出县城好路就到头了，新藏公路正在改建，只能走尘土飞扬的便道。好在湖就在一旁，清澈的湖水让人心旷神怡，而成群结队的水鸟带来更多的愉悦，最常见的是棕头鸥，然后有赤麻鸭、普通秋沙鸭、斑头雁、鸬鹚，还有岸边草地上不停飞起落下的漠䳭（ *Oenanthe deserti* ）。

棕头鸥的体型中等，长度达 40 多厘米。它们整体呈白色，背部发灰，初级飞羽基部具有大块白斑，而最典型的特征是黑色翼尖具有白色的点斑。现在是夏季，这个时期鸟的头部呈褐色，仿佛带了一个蒙面的头套，棕头鸥一名正是由此而来。它们的嘴呈深红，脚为朱红色，叫声沙哑，有时也有响亮的哭叫声。棕头鸥的繁殖地就在青藏高原的湖泊，也有报道说可以在鄂尔多斯一带繁殖，冬季时迁徙至印度、我国南方、孟加拉湾及东南亚越冬。

沙地上的漠䳭

棕头鸥（ *Larus brunnicephalus* ）

棕头鸥飞舞

赤麻鸭在鸭类中属于体型较大的种类，体长超过 60 厘米。它们整体呈橙栗色，飞行时白色的翅上覆羽及铜绿色翼镜明显可见；嘴和腿黑色，雄鸟在夏季有狭窄的黑色领圈。跟书上描述的"头皮黄"特征不同，我们看见的赤麻鸭无论雌雄其头部都是发白的。赤麻鸭可以在青藏高原的高海拔湖泊中繁殖，冬季则迁徙到我国中部和南部的温暖地带。

秋沙鸭的一个显著特点是其细长的嘴在末端呈钩状；另外，嘴和脚都是红色的。据说秋沙鸭喜欢结群活动于湖泊及湍急的河流，潜水捕食鱼类，但我们在班公错看见的都是单只的雌鸟带着她的幼雏。班公错的秋沙鸭是普通秋沙鸭，其体羽具有蓬松的副羽，比中华秋沙鸭的短但比体型较小的秋沙鸭厚一些，飞行时次级飞羽及覆羽全为白色，并无红胸秋沙鸭那种黑斑。班公错的普通秋沙鸭是中亚亚种，为垂直迁移的留鸟。

斑头雁（*Anser indicus*）尽管比赤麻鸭大得多，但却是体型略小的雁，其最明显的特征是头

悠闲的赤麻鸭

普通秋沙鸭（*Mergus merganser*）

普通秋沙鸭雌鸟及幼雏

斑头雁一家

斑头雁群

顶白色而头后有两道黑色条纹，喉部的白色延伸至颈侧。我们在这个季节看见的主要是斑头雁父母带着幼雏，小鸟的头部图案则是浅灰色的。斑头雁对人特别警觉，我们一下车它们就立刻从岸上向湖边走，再一靠近，它们就下水带着全家老少游远了。

　　我们一直开到班公错的北端，公路在这里离开湖面通向日土县东汝乡松西村的界山达坂（山口）。时间已经比较晚，我们不打算再往前走，于是停下来休息。这里有大片的民工营地，我们意外地发现工棚的屋檐下挂着很多干鱼，显然来自湖中。请民工们拿来仔细观察，果然是班公错的裂腹鱼，我们要了一条做标本。

　　返回日土县城，在破旧的县府招待所住下。找了一家四川饭馆，有裂腹鱼的菜，要了一条，80元，很贵。我们是因为想用骨头做标本，所以点了这道菜，这也是第一次品尝高原鱼类。以前买来的都直接浸泡在酒精里，被王宁和吴飞翔带回研究所做解剖了。

　　7月19日，天气晴朗，但早上的温度很低。计划中要去的班公错北线相当远，单程就有 150 公里，所以我们安排早点出发，但 8 点钟还很难找到地方吃早饭。不过还算好，遇见一家卖稀饭馒头的饭馆此时已经开门营业了。

清晨到处静悄悄的，连湖边的水禽也没有像昨天见到的那样喧嚣。花了一个小时走完班公错东岸的新藏公路工地，转到湖北岸的砂石路上。路算得上是精心维护，虽然开始一段有一些搓板路面，但大约 20 公里后过了乌江村就相当平整了。乌江村有一条汇入班公错的河流，清澈而湍急，形成大范围的曲流，衍生出绿意葱茏的大草甸，水禽就在河流和草地上惬意地活动。我们继续往西，湖水呈长条形在高峻荒芜的山脉间穿过。经过一处很浅的湖面，似乎分隔了淡水和咸水，因为西侧湖水更蓝，并且湖岸有白色的盐碱结晶。

这一带看不见人烟，只有偶见的羊圈。草地在溪流入湖处都很茂盛，但没有羊群，土登说是为冬季准备的牧场。终于看见房屋，还很鲜明夺目，原来是军队的营房。这里有一个码头，停靠着许多小艇。

车辆继续向西行进，附近开始出现红柳（*Tamarix ramosissima*）。这里的红柳不是灌木，而是长成了乔木；它们遒劲的树干，看起来有上百年的树龄。雄伟险峻的高山环绕在湖泊周围，入注的河流造就了翠绿的湿地，远处雪峰闪耀，近前红柳招摇，这真是一块非常独特的自然胜地。班公错近乎透明蓝色的湖水是成千上万鸟类的天然栖息地，包括 20 多个种类，除了我们昨天看

曲流纵横的湿地

开花的红柳

到的种类，还有红脚鹬、滨鹬和黑颈鹤等。湖中有十多个大小不等的岛屿，最有名的就是鸟岛，因有大量水鸟在岛上筑巢栖息而得名。不过，这个季节已经过了繁殖期，雏鸟们都已离岛学游泳了。由于没有人烟，我们在接近边境的地方看见水鸟更多更自在，但它们仍然怕人，特别是斑头雁。鸬鹚倒是优哉游哉，趴在浮动巢穴上随水漂流。不过，这一带的棕头鸥却不多。

在湖边很仔细地观察了一对黑颈鹤。它们的身高达 1.5 米，羽毛整体偏灰色，但头、喉及整个颈呈黑色，仅在眼下、眼后具有白色块斑，裸露的眼先及头顶为红色，尾羽、初级飞羽和三级飞羽呈黑色，脚也是黑色的。黑颈鹤的叫声像一连串的号角，相当嘹亮。黑颈鹤的繁殖地就在青藏高原，只有在越冬时飞往不丹、

黑颈鹤（*Grus nigricollis*）

125

红脚鹬母子　　　　　　　　　　　　孵卵的凤头䴙䴘

印度东北部、中南半岛北部、我国西南（如云南及贵州）的潮湿耕作区。

　　一只成年的红脚鹬（*Tringa totanus*）在辅导她的孩子觅食，小鸟的体型已经长得跟母亲差不多大了，只是尾羽和飞羽还未发育完全。红脚鹬最明显的特点就如同其名字一样，长长的脚是橙红色的，嘴基半部也为红色。它们的上体呈褐灰色，下体为白色，尾上具有黑白色细斑，胸部有褐色纵纹，但未成年个体的纵纹不明显。最后看到它们飞起来并发出悦耳的鸣叫，这时其腰部的白色部分更加明显，次级飞羽的白色外缘也清晰可见。

　　凤头䴙䴘（*Podiceps cristatus*）很常见，我在北京也多次观察过，但还从未见过它们的浮巢，今天终于得到直观的认识。凤头䴙䴘的体型相当大，长度可达50厘米，其颈部修长，头部顶着漂亮的深色羽冠，这就是凤头的来历。它们身体下部的羽毛接近白色，上部的羽毛为纯灰褐色，并涂着白色的脸面，描着黑色的眼线。这个季节正是凤头䴙䴘的繁殖期，可以看见雌鸟端坐在浮巢上孵卵，其体色有些改变，颈背呈栗色，颈上还有鬃毛状的饰羽。

　　经过第二道关卡，我们又行驶了一段荒无人烟的路程，到达最后的前哨。这里有较大的军营，由一个营长负责；他很热情地接待我们，介绍了边境的形势。再往前因中、印双方都在其间巡逻，为了安全起见，要求我们就此止步了。

　　班公错的鱼类很丰富，可以用来改善部队官兵的营养结构。营长让战士捞了一些高原条鳅送给我们做标本，并给第一道哨卡的码头打电话，返回时再送我们两条鱼。谢谢他们的热情，我们自己挑了一条俗称班公湖裂腹鱼的有鳞的西藏弓鱼（*Racoma labiata*），另一条是无鳞的班公湖裸裂尻鱼（*Schizopygopsis bangongensis*）。中午时我们就在两棵老红柳下午餐，享受着湖光山色，一派独特的高原风光。今天的任务完成得很好，回程充满了快乐，土登和高伟的车也比来时开得更快。

阿里纪行

雪山前哨

　　班公错在地质上有非常重要的意义，它是绵延3 000多公里的班公错-怒江缝合带（班怒带）的西端起点。这条缝合带向东经改则、东巧、丁青、嘉玉桥至八宿县的上林卡，然后穿过左贡扎玉、梅里雪山西坡与昌宁-孟连带相通，再向南与泰国清迈-清莱带和马来西亚的劳勿-文冬带相接。班怒带不但在青藏高原的地质构造，而且在深部地球物理反映的岩石圈结构和组成上都是一条非常重要的分界线，被认为曾经是冈瓦纳大陆的北界。

　　我们没在日土住，直接赶到狮泉河，傍晚8点前到达，找了一家旅店住下。楼层很高，吃饭的餐馆也在二楼，这里的海拔比札达高得多，爬起楼来还相当费劲。晚上又有些睡不好，其实昨夜在日土也是如此，还是海拔高的原因，高达4 250米的空气明显比在札达县城时稀薄。

玛旁雍错

10. 普兰圣迹

水汽送清新，晶莹绿草茵。
笑语传远近，荷锄助乡邻。

——孔雀河谷

　　2012 年 7 月 20 日，晴。昨天夜里狮泉河的旅店里停了电，房间里漆黑一片，但很早就醒了。因为是邮政局开办的旅店，这里有无线网络信号，不过速度很慢，最后还是用自己的网卡处理了邮件。9 点吃早餐，是一家福建沙县小吃，但店主显然是四川人。

　　早餐后，直接出发到门士乡去与王晓鸣他们 6 人会合。这条路来时已观察过两旁的景观，所以走起来相当熟悉，最主要的感受是噶尔河谷的绿色，因为其他地方太过干燥荒凉了。门士乡属于噶尔县，位于象泉河上游支流门士河左岸，西南以阿伊拉日居山与札达盆地相隔，北临冈底斯山脉。门士的地理位置非常重要，处在狮泉河的上游支流噶尔藏布与象泉河的上游支流门士河之间的分水岭位置。

中午到达门士，晓鸣他们在野外还没有返回，于是我们去南边几公里、象泉河北岸的基达布日寺看一看。路上遇见一群藏野驴，它们可能一直就在这一带活动，因为我们来时就在门士附近见到了藏野驴群。这一群有6匹之多，有成年的，也有

藏野驴群

幼年的，其中2匹安静地在吃草，而另外4匹则懒洋洋地躺在一起休息。我和王宁端着相机一边拍照一边靠近，躺着的4匹也站了起来，机警地向我们张望。当再想靠近时，它们排成一队不紧不慢地跑掉了。藏野驴栖居于海拔3 600～5 400米的地带，总是营群居生活，多半由五六匹组成小群，就像我们今天看到的一样；也有超过10匹的大群，群体常常由一匹雄驴率领，过游移生活。它们清晨从荒漠或丘陵地区来到水源处饮水，白天大部分时间集合在水源附近的草地上觅食和休息，傍晚回到荒漠深处。藏野驴的行走方式是鱼贯而行，很少紊乱，雄驴领先，幼驴在中间，雌驴在最后。

基达布日寺正在重建，实际上它现在就是一片建筑工地，所以我们没有停留太长时间。这座寺庙由宁玛派高僧创建，但后来改宗了噶举派，寺内有8

基达布日寺的塔林（侯素宽摄）

行进有序的驴队

世纪的印度高僧莲花生等大师的修行地。寺前有一处温泉，泉周围形成大理石般的泉华地貌，香客们在这里可捡到叫做"岗提"的石灰石，传说可以驱病消灾。寺庙周围有许多风化的石林，被赋予藏传佛教中不同人物和神灵的象征。寺周围的岩石色彩斑斓，呈现出耀眼夺目的红白黄蓝基调，是以三叠纪海相灰岩为主的地层，各种颜色的岩石也被认为是不同神灵的行宫。湍急的象泉河对岸是早古生代的变质岩，有一块紫色岩石被信徒们认为象征十万空行母宫。

当我们回到门士乡上后，电话联系到了晓鸣，他们正从门士煤矿返回。于是我们点好午餐，当饭菜上桌的时候，他们刚好到了。短暂分别后，大家再相聚，各自交流了这两天的收获。门士煤矿已经废弃，但在20世纪70年代中国科学院组织的考察中曾在这套煤层发现了比较丰富的植物化石，包括杨树、桉树、榕树、柳树、槐树、合欢、鼠李、柊叶、决明等。桉树、榕树、柊叶和决明的现代种都分布在热带和亚热带地区，尤其是桉树的现代种主要分布在澳大利亚，生长在干热的气候环境中。中国科学院植物研究所的古植物学家研究后认为，始新世时该地区处于热带-亚热带的暖热气候条件下，是依然在特提斯海水拍打中的欧亚大陆的南部边缘，或者是靠近边缘的岛屿，因而植物茂盛，林下生有喜阴湿的柊叶植物。显然，那时这里的海拔

不高，仅有 1 000 米左右。门士的地层中还发现了桉树的果实，其外面的萼管和蒴果合生成钟状或长椭圆形，花盘宿存并凹陷，果瓣突出于萼管外，或不突出。由于其蒴果的特殊性，在其他植物中并未见到，配合发现的叶部印痕化石，古植物学家们认为桉树在门士的存在是毫无疑问的。当时这一重要发现证明桉树起源自欧亚大陆，而不是原来根据现生分布猜想的在南半球起源。

晓鸣他们这次在门士又找到了第四纪真马的化石，还发现了一件鱼类化石标本，也是第四纪的。早在 2009 年李强带队到札达盆地考察的过程中，就

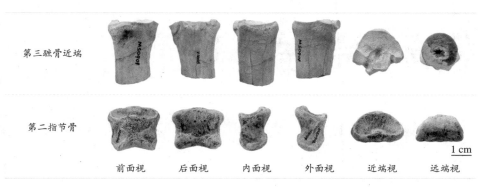

第三蹠骨近端					
第二指节骨					1 cm
前面视	后面视	内面视	外面视	近端视	远端视

门士的真马肢骨化石

意外地在邻近的门士地区采集到两件真马的化石，他们已在 2011 年的《第四纪研究》上报道了这一重要发现。真马在欧亚大陆的首次出现通常认为与距今约 260 万年前的第四纪下界吻合，真马化石在门士的发现，确定了其产出地层应属于第四纪无疑。门士地区新生代岩石地层单位已建有门士组，但被认为包含了下部的始新世地层和上部的上新世地层，两者之间为断层接触。此后，这套地层被重新划分为上白垩统 - 始新统门士组、中新统野马沟组和上新统日须沟组，植物化石产于野马沟组中。

根据李强带队考察得到的结果，沿 219 国道噶尔县城至冈仁波齐峰之间，公路南北两侧断续出露一些比较松散的晚新生代沉积，一般笼统地认为都是第四纪覆盖物，其大致分布在门士西部夹在冈底斯山与阿伊拉日居山之间狭长的克勒策盆地，以及东部冈底斯山南麓的巴嘎盆地。根据地质学家的解释，巴嘎盆地南面受控于喀喇昆仑右行走滑断层，北面受控于冈仁波齐峰南俯冲断层及喀喇昆仑走滑断层的一个分支。真马化石产出地层在岩性上明显不同于上述日须沟组、野马沟组和门士组等组，其在门士乡附近特别是门士河西岸发育较好。两件真马化石标本出土的准确位置在门士乡以西、219 国道南北两侧河湖相沉积中，其中第三蹠骨地点的野外编号为 MS0901，地理坐标为北纬 31°12'41.6"、东经 80° 42'42.5"，海拔 4 555 米，产自公路南侧小山北坡上的冲沟沟口下部的灰白色砂岩中，其上为红色与紫色砾岩和角砾覆盖，距离

门士的真马化石地点，其中下图为景观照片，上图为局部放大（李强摄）

门士乡约 6 公里；第二指节骨地点的野外编号为 MS0902，地理坐标为北纬 31°13' 26.2"、东经 80°44' 46.6"，海拔 4 553 米，产自公路北侧一条干谷的右岸，距门士乡约 5 公里。

普氏野马复原图（陈瑜绘）

门士的真马化石最接近于普氏野马（*Equus przewalskii*）。普氏野马化石广泛分布于欧亚大陆的晚更新世地层中，在中国的分布范围西自新疆西部，东至东北三省，南到台湾海峡。普氏野马扩散到青藏高原是有可能的，因为在高原北缘的库木库里盆地的第四纪地层中似乎也出现过它的踪迹。迄今为止，普氏野马在中国最早出现于山西丁村动物群，丁村动物群的年龄通常被认为不早于晚更新世，在距今 12 万 ~ 10 万年前，略微晚于中 / 晚更新世界限的距今 12.6 万年前。李强等人认为，如果以后发现头骨和齿列等材料能证实门士的真马确实属于普氏野马的话，那么门士的这套河湖相堆积形成的时间很可能不会早于晚更新世，也即晚于距今 12.6 万年前。

我自己在做博士论文时就研究过普氏野马，了解到现生的普氏野马在 20 世纪 60 年代以前的分布仅局限于新疆北部阿尔泰及蒙古科布多盆地中，此后在野外已经绝灭，只有少数人工饲养的个体和群体。普氏野马通常被认为是一种严格适应干燥寒冷的气候环境、生活于冬季风盛行区的荒漠动物，我们在以前发表的论文中曾指出，普氏野马化石的分布严格地受控于东亚季风的时空变迁，同时由于普氏野马生态习性稳定，因此它们的化石可以作为一种指示干冷气候的标准化石。如果门士的真马化石确实属于普氏野马，就将指示晚更新世时期西藏阿里地区环境的干冷状况。

我们的队伍又重新聚齐，全体人马下午一同前往阿里地区的普兰县。普兰县位于中国、尼泊尔和印度三国交界处，战略位置十分重要。普兰的藏语含义是"一根毛"，我不知道这名字是怎么来的，向土登和达瓦请教也没能得到准确的答案。由于普兰所处的孔雀河谷成为输送孟加拉湾暖湿气流的通道，因此为这里创造了一片气候温和、降水丰富的宜人土地。孔雀河在藏语中被称为"马甲藏布"，是印度恒河的重要支流哥格拉河的源头。普兰是尼泊尔商贸人员和印度朝圣信徒的重要入境口岸，也因为神山冈仁波齐峰和圣湖玛旁雍错而成为一个旅游胜地。从巴嘎村开始就是我们以前没有走过的路，到普兰有 80 公里的路程，在玛旁雍错和拉昂错中间穿过，经过纳木那尼峰下，就一路降低，穿行在喜马拉雅山的裂缝中。

玛旁雍错是中国透明度最大的淡水湖，怪不得一众宗教都将其认定为圣湖，果然有不同凡响之处，其藏语的意思是"不败"。拉昂错则是一个咸水湖，因不宜饮用而被称为"鬼湖"，现在两湖之间有通道却无水流通过。

纳木那尼峰的海拔高度为 7 694 米，在藏语中的含义是"圣母之山"或"神女峰"，其西面的山脊呈扇状由北向南排列，东面唯一的山脊被侵蚀成十分陡峭的刀刃状，形成高差近 2 000 米的绝壁。相比而言，西面的坡度则较为平缓，峡谷间倾泻着五条巨大的冰川，冰面上布满了冰裂缝和冰陡崖。早在一个世纪以前，纳木那尼峰就为各国探险家所瞩目，自 1905 年英国人初次尝试攀登后，日本、奥地利等国家的登山家们都进行过多次努力，但均功亏一篑，直到 1985 年才由中日联合登山队沿西北坡登顶成功。

近年来，中科院青藏所对纳木那尼峰的冰川开展了深入的研究，取得了一系列重要的科学成果。纳木那尼冰川的厚度超过 200 米，是世界低纬度地区罕见的大型山谷冰川，也是利用冰芯采样技术研究过去气候变化的有利地

神山圣湖上空的风云（李强摄）

拉昂错

点。所有在大气中循环的物质都会随大气环流而抵达冰川上空，并沉降在冰雪表面，最终形成冰芯记录。作为记录地球环境变化的重要载体，冰芯以其保真性好、分辨率高、记录序列长和信息量大，受到各国科学家们的青睐。冰芯分析的每一个参数都至少载有一个地球系统变化过程的信息：冰芯中氢、氧同位素比率是度量气温高低的指标；净积累速率是降水量大小的指标；冰芯气泡中的气体成分和含量可以揭示大气成分的演化历史；冰芯中微粒含量和各种化学物质成分的分析结果，可以提供不同时期大气气溶胶、沙漠演化、植被演替、生物活动、大气环流强度、火山活动等的信息。

到达普兰县城，觉得比较冷，一方面是天气的原因，即阴天，另一方面海拔也不低，有 4 000 米。找到了能提供住宿的招待所，在房间里可以好好休息和调整一下。傍晚去边贸市场，大多数铺面都关门了，在一家还没有打烊的店里有尼泊尔商人售卖工艺品，铜器按重量计价。我买了一件铜孔雀，精细的雕刻很有喜马拉雅山国的特点，也融入了印度的风格。

晚上时房间里可以上网，抓紧研读了从网络上查到的有关普兰盆地新生代地质的文献，对明天的工作有了比较清晰的计划。中国科学院青藏高原综合科学考察队于 1976 年在孔雀河西岸的涕松褐煤露头剖面采集了孢粉样品，经南古所的研究人员分析，发现共有 50 余科、近 90 属、超过 140 种植物的

孔雀河谷

孢子和花粉化石，时代为新近纪，其中既含有亚热带和暖温带植被成分，又含有寒温带植被成分。这种混杂多种植物成分的特点，被认为无法用一个植物水平带来解释，而是明显地反映出植物垂直分布带的存在，它正是孔雀河河谷不同地势高度植被带所形成的。由于河谷纵深狭窄，不同地势高度植被带的植物孢子和花粉，有相当一部分飘落到河谷底部；即使主要飘落在原地的分散孢子和花粉，也会随着地表的沉积物被雨水或河水携带到河谷底部，同当地河岸附近或沼泽植被带的孢粉混合在一起沉积下来。

　　普兰盆地的构造演化对推断喜马拉雅山的隆起也有非常重要的意义，因此吸引了很多地质学家前来考察。地质上的藏南拆离构造位于喜马拉雅主脊北部，构成高喜马拉雅结晶岩带与北喜马拉雅特提斯沉积褶冲带的分界线，其主体呈近东西向延伸，在普兰一带发育齐全，呈弯曲状展布。藏南拆离构造具有长期且多期活动性，不仅在中新世有多次强烈活动，而且在古生代至中生代的长期伸展拉张作用过程中就已逐步形成并不断活动，至少在早石炭世、早二叠世、早三叠世、晚三叠世、早侏罗世等均有过较强烈至强烈的活动，普兰也因此成为研究喜马拉雅构造带的重要地点。

7月21日，晴。普兰的新生代地层是一套砾岩，要想找到脊椎动物甚至哺乳动物化石，就必须发现细粒沉积物的层位。我们先去位于孔雀河西岸的普兰盆地西部，从地图上查明有通往海拔5461米的强拉山口方向的道路，这条路是印度人出入中国边境的通道。不过，我们在实地寻找通往西岸的路就费了很大的劲，明明已经看见了孔雀河上的桥，也看见对面的路上有车，但绕着县城转了两圈，才在一个被杨树遮掩的不起眼的路口拐进去。这里的雪山融水足够进行灌溉，有很多引水渠充分利用水源，使得河谷中充满绿色，特别是青稞长得郁郁葱葱，杨树也非常茂盛。

　　普兰组确实是砾岩，我们远看是灰白色一片，还以为是泥灰岩的地段。爬上山走近一看，都是砾石层风化残留的灰白色砾石，完全不含化石。后来找到一些很小的砂泥岩透镜体，也没有发现任何化石的痕迹。中午回到县城吃过午饭，下午沿孔雀河东岸向南行，看看对岸觉得似乎有希望，但在东岸的类似露头上也没有找到哺乳动物化石或鱼类化石，倒是发现砂岩中有一些植物化石。后来的几处露头，要么有些植物化石碎片，要么就特别纯净，都是沉积颗粒。

　　在普兰这个有神圣传说的地方，孔雀河畔漂亮的科加寺也有自己的故事，那就是传说文殊菩萨像路过此地时说出"科加"一词，藏语"留下"或"定

雪山下的转经筒（科加寺）

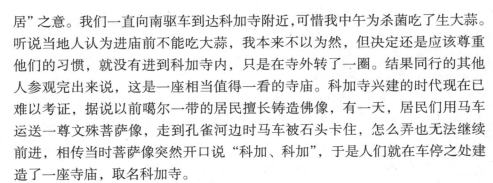

居"之意。我们一直向南驱车到达科加寺附近,可惜我中午为杀菌吃了生大蒜。听说当地人认为进庙前不能吃大蒜,我本来不以为然,但决定还是应该尊重他们的习惯,就没有进到科加寺内,只是在寺外转了一圈。结果同行的其他人参观完出来说,这是一座相当值得一看的寺庙。科加寺兴建的时代现在已难以考证,据说以前噶尔一带的居民擅长铸造佛像,有一天,居民们用马车运送一尊文殊菩萨像,走到孔雀河边时马车被石头卡住,怎么弄也无法继续前进,相传当时菩萨像突然开口说"科加、科加",于是人们就在车停之处建造了一座寺庙,取名科加寺。

由于还有时间,我们就顶着风攀上山崖,继续在科加村的北面考察新近纪的沉积露头。全天的风都很大,吹得人在山坡上站也站不住,这是受山脉通道的影响。平时那些在天空自在地借着气流翱翔的山鸦们,也被风吹得东倒西歪,差点被撞到崖壁上。

科加寺

拉孜的油菜花海

11. 东归兼程

蒙军铁骑击东欧，震动高原费运筹。
额沁挥师眈雪域，萨班携侄赴凉州。
回归祖国居奇绩，拥护中央有远谋。
民族融融成一统，富强华夏永千秋。
                                    ——萨迦寺

　　2012年7月22日，晴。一切都按计划进行，今天离开普兰，开始返回拉萨的行程。普兰县城里有很多我的勤劳的四川老乡，这在西藏各地都是如此，哪怕是偏僻遥远的村镇。他们开的饭馆为我们在野外考察中提供了很多方便，今天一大早就有好几家四川小饭馆可供我们选择早餐，有米线、稀饭、豆浆、油条、包子、馒头，很齐全，我要了米线和油条。早餐后，不到9点我们就出发了。
　　一路上的景色都是看过的，但仍然很吸引人。喜马拉雅山的雪峰历历在目，纳木那尼峰洁白的冰川在阳光照耀下熠熠生辉，融水滋润着山下的村庄

脸庞黝黑的牧羊姑娘

和农田。孔雀河阶地高大的陡坎显示了第四纪以来的巨大抬升，而河谷中翠绿的青稞田环绕在明丽的村庄周围。在拉昂错旁看见几匹藏野驴到湖边饮水，因此所谓全无生命的"鬼湖"纯粹是胡说，那么清晰地与事实不符，想来大家也只是当个传说来谈论吧。

我们在巴嘎村附近加满油，向东行驶，在中午时分到达日喀则地区的仲巴县帕羊镇。离仲巴县城还远，我们就在帕羊镇吃午餐，又是一家四川饭馆。帕羊是一个典型的阿里高原小镇，由于处在交通要道上，因此有很多小饭馆和小旅店为路过的旅客提供食宿。小镇内的藏式民居看似不经意地大致排列整齐，当地居民的藏式服装很轻易地与镇上的外来生意人区别开来。帕羊附近公路远方的雅鲁藏布岸边排列着一座座金色的沙丘，在绵延的雪峰和蔚蓝的天空映衬下颇为壮观。离开帕羊后，我们整个下午持续行驶，不时可以见到放牧的羊群，还有藏野驴和羚羊，给旅途增加了很多快乐。

傍晚到达日喀则地区的萨嘎，到处可以见到朝拜神山圣湖的印度人。为满足印度信众的需求，我国于1982年起接受印度官方香客进入西藏阿里地区朝拜，最初每批香客仅有十几人。1990年中印双方商定，每年印度官方香客固定为16批，每批规模为四五十人，入境时间集中在每年6月至9月。据报道，2012年阿里地区累计接待外国香客超过1.3万人。我们住的旅店条件还行，但是水只在晚上9点到11点之间供应。萨嘎县城就在雅鲁藏布边，不知为何用水却如此困难。

印度香客们都穿着统一样式的羽绒服，但可以看到妇女们露出里面的多彩纱丽。香客们三三两两在街上闲逛，他们虽然看起来身体多数比较胖，但

色彩的冲击（萨迦寺）

深邃的通道（萨迦寺）

不少人面色苍白，显然有很强的高原反应。印度大多数地区的海拔较低，因而来到西藏阿里地区就是一次对体能的挑战，何况印度香客来阿里地区的目的就是转神山，途中要翻越海拔 5 600 多米的卓玛拉山口，听说有香客就死在转山的途中。组织香客的印度旅行公司会要求他们至少需提前两周锻炼身体，每天跑步不少于两个小时。大多数印度香客经中尼樟木口岸入境来到神山，萨嘎是必经的中转站。他们认为能穿越险山峻岭来到湿婆的住所朝拜，将会帮助自己从无知与迷妄中解脱出来。

7 月 23 日，尽管是晴天，但萨嘎的早晨非常冷，有人已经穿羽绒服了。我觉得还好，所以仍然是正常的行装，没有再多加衣物。到早上 8 点已经有饭馆在营业，这是因为萨嘎处在交通要道上，早起出发的人很多。这是我第一次沿这段公路东行，路确实非常好，虽然不是高速公路，但在这样的地区和这样的车流条件下，如此质量的公路已经足够了。

219 国道沿雅鲁藏布河谷下行，由于有江水的滋养，这一带显得比较湿润，草原都是绿色的，与札达的枯黄植被形成鲜明的对比。草原动物也不时见到，公路上还有被撞死的旱獭、野兔和百灵。中午到达拉孜县，大片的油菜花田簇拥着县城，我们进城去吃完午饭，就充满期待地前往同一地区的萨迦县。

萨迦在拉孜的东南方向，距离很近，只有 30 公里。我们已经路过这里很多次，一直也想去萨迦看一看，但总因为时间匆忙而未能成行，今天算是了却心愿了。在这里，萨迦寺成为萨迦县城的主体，是藏传佛教萨迦派的主寺；高墙大院，有些与宫殿相仿，这与萨迦曾经统治过西藏的地位相称。来到萨迦，寺庙的色彩立刻带来强烈的冲击，怪不得萨迦派也被称为花教，是因为他们用象征文殊菩萨的红色、象征观音菩萨的白色和象征金刚手菩萨的黑色来涂抹寺墙的缘故。萨迦寺以红色和黑色为基调的特点，与黄教格鲁派有明显的区别，该寺在 1961 年被国务院批准为全国重点文物保护单位。萨班贡嘎坚赞是萨迦派著名的人物，又被称为萨迦班智达，简称萨班；其侄子八思巴建立了西藏与中央政府的联系。八思巴纪念殿堂原建筑曾毁于十年动乱，所幸现在已恢复重建。大雄宝殿内萨迦派法王的灵塔如同达赖和班禅的灵塔一样巨大无比，震撼人心。这个人数不多的民族怎么聚集起这些财富，尤其是在高原上相对较低的生产力水平之下，而且信众是那么的虔诚，实在让人敬佩。

　　在之前看过的介绍材料中，说萨迦寺坐落于奔波山上，但我们实地来看，寺其实是在山下，也就是县城里。公元 1073 年，即北宋熙宁六年，吐蕃贵族昆氏家族的后裔昆·贡觉杰布发现奔波山南侧的一处山坡，土呈白色，有光泽，觉得是祥瑞之兆，于是就出资建起萨迦寺，逐渐形成萨迦派，而"萨迦"一词在藏语中就是灰白色土的意思。参观后才知道，萨迦寺包括南、北两部分，分别建筑在仲曲河两岸，在十年动乱中已毁的北寺是在奔波山上，而县城中保存下来的是南寺。

　　以孛儿只斤·铁木真（史称"成吉思汗"）为首的蒙古部落在 13 世纪初期不仅用武力统一了中原，而且其势力还远达欧洲东部。铁木真死后，其第三子孛儿只斤·窝阔台登基为第二任可汗（史称"窝阔台汗"）。窝阔台次子孛儿只斤·阔端（《西藏通史》中称其为额沁阔端）受封西夏故地，驻屯西凉府以西，

萨迦南寺大经堂

欧东仁增拉康

全面负责经营吐蕃事务。公元 1240 年阔端在进兵西藏前，已了解到萨迦派在西藏具有举足轻重的地位，特遣使召见萨班。公元 1244 年萨班带侄子八思巴去凉州（今甘肃省武威市），公元 1247 年在这里会见阔端，并随后给西藏高僧和贵族写信，规劝他们接受元朝的对藏条件。孛儿只斤·忽必烈（史称"薛禅可汗"、"元世祖"）建立元朝中央政府后，尊八思巴为帝师，授予玉印，"任中原法主，统天下教门"，掌管全国佛教事务，并协助中央政府治理西藏，统领西藏十三万户。八思巴结束了自吐蕃王朝瓦解以后西藏地区分裂割据的局面，于公元 1268 年在萨迦正式建立起与中国其他行省相同结构的地方政权，并亲任西藏地方行政长官，为在西藏确立持久、稳固的社会秩序迈出了坚实的一步。

14 世纪后半叶，随着元朝的灭亡，萨迦派在西藏的领导地位被噶举派取代，但萨迦派仍然维持下来。萨迦派对发展藏族文化起过重要的作用，在其协助元朝统领西藏时期，西藏结束了 400 多年的战乱局面，社会生产得到发展，文化艺术出现了繁荣局面。八思巴奉忽必烈之命创制的蒙古新字，即八思巴文，在中国文字史上占有重要地位。

萨迦南寺是公元 1268 年由八思巴下令修建的，其平面呈方形，高墙环绕，总面积 14 760 平方米。南寺基本按元代城堡式风格修建，是具有很好防御性能的坚固建筑，当时曾经有护墙河环绕。城堡内为殿堂僧舍，大经堂总面积 5 775 平方米，正殿由 40 根直通房顶的巨大木柱支撑，最粗的木柱直径约 1.5 米，细的也有 1 米左右。柱子上悬挂着许多珍贵的文物，比如长到不可思议的野牦牛角，每只将近 1 米。正殿高约 10 米，大厅可容纳近万名喇嘛诵经，内供

三世佛、萨迦班智达及八
思巴塑像。萨迦寺另一重
要殿堂为欧东仁增拉康，
内有 11 座萨迦法王灵塔，
殿内墙上绘有八思巴早年
的画像和修建萨迦寺的壁
画，殿后堂有反映西藏历
史上的重要事件，即萨班
与阔端会晤的壁画。

　　从南寺大殿出来，
经廊道而至前院，再沿数
十级陡立的木质长梯，我
们攀到平坦的大殿顶层
上。平台的西、南两面有
宽敞的长廊，廊墙上绘有
珍贵的壁画，南壁绘有萨

萨迦寺彩绘度母像

活泼的装饰风格（萨迦寺）

迦祖师像，西壁绘有大型曼陀罗，即佛教的坛城。这些壁画色彩鲜艳、形象生动，除了宗教内容外，还记录了八思巴来往中原和西藏，在大都（今北京）受封等场面。顶层的四下显得特别安静，让人愈加觉得充满禅意。参观完出来我们在寺外汇合，结果不见了光普，等了好一阵他才欢天喜地出来，告诉大家说他幸运地跟着一个要客团去观瞻了萨迦寺的宝藏。

离开萨迦，我们抓紧时间赶路，道旁的景观都相当熟悉，就不用盯着看了。傍晚抵达日喀则市，住在一个装饰得富丽堂皇、金红翠绿的旅店，但软件不行，不仅不能上网，热水也不能调冷，有些可笑。不过，浏览旅店里随处可见的木雕也是一个欣赏藏族艺术的机会，那些门窗、桌柜和器具上匠心独运的作品让人叹为观止。雕刻的内容丰富，题材广泛，涉及人物、花卉、虫鱼、鸟兽的图案和纹饰等等，无所不包，其中吉祥天母出现得最为频繁。从艺术形式上看，夸张是藏式雕刻中一种常见的手法，莲花如巨盆、树叶似伞盖，其表现手法简练，重在以神传形，既有浓厚的装饰趣味，又颇具艺术魅力。

今天又有一个人过生日，是王宁，这是近一个月来的最后一个，大家热闹地庆祝了一番。从我自己6月底的生日算起，接下来依次是王晓鸣、侯素宽、土登和达瓦，我们考察队的12个队员中有6个人密集在这次札达之行的一个月时间内过生日，真是太巧了！

7月24日，雨转晴。昨天日喀则还很热，但夜里听见轰隆隆的雷声，下雨了。结果，早上起来感到特别冷，我们就在阴雨中出发。这是此次将近一个月的考察中第一次遇见真正的下雨，在这种气象条件下，雅鲁藏布似乎格外汹涌，江中浊浪翻滚，显然是汇聚了很大的降雨量。

雪山下的村庄

峡谷中湍急的雅鲁藏布

　　过拉萨市尼木县以后，雨逐渐停了，道旁农田里的马铃薯花开得正盛。这一路有很多限速站，不仅不能开得太快，还经常不得不停下来等待时间流逝。有时就顺便看看路边摊点推销的东西，但大多是没有什么收藏价值的工艺品。在尼木也有专门的藏香商店，看看而已，没有要买的东西。看着雅鲁藏布重新流入宽谷，知道拉萨近了。

　　24 日中午到达拉萨，但青藏所还是没有房间。我们把车上的行李物品卸下来放在青藏所的储藏室，这时正好有铁路快运的人来送货，赶忙去问了如何托运。我们从北京出发时给每个人都带了帐篷睡袋等一套野外宿营的装备，晓鸣他们在来西藏之前已在青海的考察过程中使用了。现在考察就要结束，不再需要这些野外装备，而我们采集的大量标本需要古脊椎所的两辆车安全地送回北京，现在铁路就可以帮我们把不怕摔打的行李快运回去。然后到附近找到一家旅店，我们都能住下。

　　我们在对札达盆地发现的三趾马骨架化石的研究中讨论了上新世的林线问题，而西藏自治区山南地区的错那县位于喜马拉雅山南坡，是一个观察现代植被分带的有利地点。沿喜马拉雅山南侧的林线高度是有变化的，因此对

147

马铃薯花簇拥下的农家

雅鲁藏布流入宽谷

布达拉宫夜色

比不同地点的具体情况很有意义。我们已经考察过位于日喀则地区的吉隆县、亚东县和林芝地区的植被带，因此对错那进行实地调查就显得尤为必要。

下午在电脑上查了一些山南地区的资料，有报道说错那南面的村子可以开放前往。不过，依照过去的经验，没有边防大队的介绍信是不让过的。我们有心理准备，制定了两套方案备用，所以去不成错那的低海拔地区也没有关系。

7月25日，好像与全国最近的天气情况相配合，拉萨也下雨了，还下得不小。原来计划一早就去城里转一转，但这样的雨势似乎不适于出行。恰好知道房间里可以上网，虽然后悔昨天浪费了自己网卡的时间，但更高兴的是可以再仔细地查一些资料，特别是明天要去错那县的南部地区。看到的信息很受鼓舞，错那县政府在网页上鼓励大家去错那旅游，因此对我们的考察工作更应该放行，但不知道最后的实际情况会怎样。本来要去在拉萨的边防总队办手续，但还有人暂时未到，拿不到身份证，所以只能明天途经山南地区时去边防支队办。

勒布是错那县被提到最多的地方，而它的藏语含义恰巧是"好地方"。在行政划分上，勒布是错那县的一个办事处，管辖4个门巴族自治乡，一千多名门巴族群众就散居在勒布沟里。办事处所在地的麻玛乡距县城40公里，海拔只有2 900米，比县城低1 500米，我们正是希望能通过巨大的高差了解本地不

149

热闹的八廓街

同的植被带特征。这里是错那县的原始林区，面积达 2.4 万公顷，占全县森林面积的 90% 以上，据介绍植物物种超过 140 种，但我觉得这个数字显然是被低估了。听说在勒布已建起了家庭旅馆，我们猜想到达的道路应该是畅通的吧？

上午的时间还很长，又不想破坏自己的计划，所以还是冒雨到八廓街去了。实际上，到那里时雨已经小了，坐公共汽车也很方便。我们在以前逛过这里，大多数是假古董，这次倒是买了两种牦牛肉干，也算是西藏的典型特产吧。中午还在八廓街的饭馆里吃了"西藏餐"，就是"西式的藏餐"的简称。实际上，传统的藏餐是以羊肉、牛肉、糌粑、酥油茶和青稞酒等为代表，但在现代化日益浓厚的城市里，藏餐受到邻近的印度和尼泊尔等地的影响，有了很重的西式咖喱风味。

下午洗了澡，因为白天温度更高，洗澡更加安全。每次来西藏，一到拉萨时总会接到善意的提醒，刚到高原时不要洗澡，以免感冒并引起肺水肿。现在是结束野外考察返回到拉萨了，跟在野外不一样，已经很好地适应了高原，可以放放心心地洗澡、干干净净地做事了。当然，野外的衣服，特别是外套没有时间洗，等着回家后再做大扫除吧。

清澈的溪流

12. 山南绿野

英姿聂赤下天梯，猎鹿叉鱼教养鸡。
地拓田开兴氏族，风调雨顺有生机。
拉康秀丽晨晖沐，庙宇庄严塔影齐。
麦垄金黄衣食足，协力同心喜山移。

——雅砻河谷

　　2012年7月26日，拉萨的雨似乎下起劲了，从昨晚到今天早上仍然不停。昨晚旅店又停了电，收拾行李都不太方便，但我们还是按原计划8点半出发去山南地区。

　　由于装备已减轻，此行只需要三辆车，另一辆车就停在青藏所。我们多数人随土登和达瓦驾驶的两辆车先行，走机场高速公路。西藏的道路都不收费，包括这一段高速。我们与后出发的时福桥约在贡嘎县城碰头，他们从旧的机场公路过来。

山南地区是我第一次来，印象最深的就是绿树成荫，还有宽广的雅鲁藏布河谷。这里也可以称为西藏的江南，实际上，作为雅鲁藏布支流的雅砻河谷被认为是藏族的发源地，优越的自然条件保证了足够的生产力，可以支持一个民族的发展。沿线有许多寺庙，包括西藏的第一座寺庙桑耶寺和第一座宫殿雍布拉康，我们计划从错那返回时再来参观。

雅鲁藏布是中国海拔最高的大河，它的水量仅次于长江，其在古藏文中的名字有"高山之水"的意思。雅鲁藏布由西向东横贯青藏高原，直到南迦巴瓦才突然转向。在其中游地带，支流众多，河谷开阔，气候温和，是西藏农业最发达的地区。这段河流呈宽窄交替的串珠状，俯瞰宽谷，只见蓝绿色的江面和金光灿灿的沙洲相间，构成特有的辫状水系。

到乃东县泽当镇，即山南地区的首府所在地，城镇规模很大，但大多也是新建筑。去边防队询问，说并不需要特别的手续，我们就计划一直走到勒布去。当天下午抓紧赶路，路面很好，用沥青铺就，但有不少漫水路面，是沟谷低洼处在洪水后留下的泥沙，有工程车在不停地抢修，以便保障畅通。随后道路横穿喜马拉雅山，有两处山口的高度都超过 5 000 米，雪峰和湖泊随处可见，一路就是不下车，也都是在观赏风景了。

在隆子县和错那县有两次检查，到达错那县城已近下午 6 点。找地方住还比较困难，考察队最后分住在两个小旅店。这一带的商业活动主要是比较

水平如镜的雅鲁藏布

晶莹的雪山融水

发达的矿产开发，路上有许多运输矿石的大卡车，这也可能是造成流动人员比较多的原因。错那县城主要是蓝铅皮屋顶的建筑，海拔 4 200 多米，感到很冷，带来的多余衣物都穿上了。

7 月 27 日早上是阴天，县城周围的山顶都被厚厚的云层覆盖了。为了早一点往返勒布，我们 8 点就去吃早饭，以致旅店店主和司机都有些不适应。县城这么早就只有一家四川南充老乡开的店，卖豆浆和油条。

由于勒布沟是错那县重点宣传的风景名胜区，从泽当镇过来一路都有指示牌。可是我们没有想到去勒布的路全线正在施工，将来要建成沥青路面的 4 级公路。这本来是好事，但现在路太烂了，而且最近有连绵的雨水，完全没法走，越野车也滑得不行。我乘土登的车在前面开路，开始还不想放弃，直到在一处地段车几乎要滑进道旁的沟中。考虑到安全，而且我们晚上必须返回泽当，只好忍痛放弃了。

往回走到接近县城的地方是一个到浪波乡肖站的岔路口，这里也是藏南前哨，有可能到达林线出现的位置，于是我们改去这里。路是砂石路面，很好走，一路上都是高山草场，还能看见黑颈鹤带着幼雏。我们就沿着这条路一直前进，沿途风光迷人，有一个接一个静谧的高山湖泊，还能看见成群的岩羊。海拔在逐渐降低，湍急的溪流相随，遗憾的是，再往南就临近非法的"麦克马洪线"，

朝雾朦胧

高山湖泊

因此我们无法继续南下的行程了。

　　我们只能在已出现杜鹃花的岩石地带观察过艳丽缤纷的草本植物后，就不得不返回了。这里仅仅是马先蒿就能看见好多种，至少有哀氏马先蒿、极丽马先蒿和克氏马先蒿，而粉红的圆穗蓼（*Polygonum macrophyllum*）更是铺成彩色的地毯，夏枯草、紫菀、西藏糙苏、钟花报春、香青、甘青老鹳草、小叶蓝钟花、北方红门兰、异叶千里光争奇斗艳，蓝色和红色的越橘类挂着露水，更加晶莹柔润。高山草甸尚且如此丰富多彩，可以想象山下的亚热带森林将是怎样一片生机盎然的世界。

　　中印自古相邻，传统习惯线是喜马拉雅山南麓。但自从英国占领印度后，英印当局试图将西藏从中国领土中分裂出去，这为后来的中印边界争端留下隐患。在1914年的西姆拉会议上，英印当局代表与西藏地方政府代表背着民国中央政府私下"换文"，将喜马拉雅山麓以南的藏南地区拱手让出，但无论是民国政府，还是新中国，始终都拒绝承认这一非法的"麦克马洪线"。

　　这一次在错那县没能观察到植被的垂直分带情况，感到非常遗憾。作为

哀氏马先蒿（*Pedicularis elwesii*）

极丽马先蒿（*Pedicularis decorissima*）

克氏马先蒿（*Pedicularis clarkei*）

盛开的圆穗蓼

西藏糙苏（*Phlomis tibetica*）

甘青老鹳草（*Geranium pylzowianum*）

钟花报春（*Primula sikkimensis*）

小叶蓝钟花（*Cyananthus microphyllus*）

北方红门兰（*Orchis roborovskii*）

异叶千里光（*Senecio diversifolius*）

英莱叶越橘（*Vaccinium sikkimense*）

大苞越橘（*Vaccinium modestum*）

弥补，我们后来在 2013 年的考察中安排了聂拉木县樟木镇的线路，这里的植被带可以作为喜马拉雅山南麓的一个代表。2013 年 8 月 19 日是阴天并夹有阵雨，去往樟木的公路一直下降，跟吉隆县和亚东县的地形相似，但更加险峻。从聂拉木出发时还处在山地灌丛草甸带，阴坡生长着各种杜鹃花，阳坡则有高山柏和方枝柏等灌丛，草甸上是高蒿草和水蒿草。随着道路下降，植被逐渐茂盛，溪中的水流更加汹涌，悬崖峭壁上挂满了飞瀑，我猜想中国最高的瀑布无疑就在这里，但以前很少被人关注。从海拔 3 500 米以下开始出现山地针叶林带，主要由西藏冷杉组成，林下有茂盛的灌丛和箭竹，草本植物有苔草、黄精和川贝母等，藤本植物相当稀少。王宁等 3 人先下车去观鸟，我们继续前行，目标是能够到达樟木的海拔最低处。

道路越来越险，完全是在绝壁上凿出。不过，保障条件很好，即是全程沥青和水泥路面，并都有栏杆和隔离墩。到海拔 3 000 米左右进入山地针阔混交林带，由铁杉、乔松、高山栎等组成，中下层树木有花楸和三叶槭等，林下有覆盖度达 25% 的箭竹。险峻的道路仅够车行，没有多余的地方供停靠，所以能够下车来拍照的机会不多，而且今天的厚重云层也使得光线较差，直

樟木翠谷

到樟木附近才有一个观景台。海拔2 500米以下已属于山地常绿阔叶林带，以栲、柯、栎等常绿栎类为主，伴生的中下层树种有白檀、乔状杜鹃、木兰、钩樟等，耐阴草本植物及藤本和附生植物也相当繁盛。

樟木镇完全是挂在一片古老的滑坡体上，街道狭窄，盘旋而下，而街道的一半都被尼泊尔货车占据。一路经过好几道检查站，最后终于到达友谊桥，海拔只有1 700米，完全是一派亚热带景观，有大批的印度香客和尼泊尔劳工在桥上通过。植被以印栲、木荷、桢楠和槭等优势植物群落为主，还伴生有黄肉楠、樟树、白兰花、无花果和漆树等热带、亚热带的常绿树种。我在路边拍到了两种画眉科的鸟儿，分别为白眉雀鹛和黑顶奇鹛。在午餐的小饭馆的窗外也可以见到鸟儿，有很多斑鸠和白腰雨燕。下午返回聂拉木县城，遇见王宁后我们又一起在道路边观鸟，竟然让我拍到了非常漂亮的黑胸太阳鸟。路上不断见到白顶溪鸲，我坚持不懈地随溪边走，最终拍到了满意的照片。

黑胸太阳鸟是小型鸟类，体长仅10厘米左右，最大的特点是嘴细长而向下弯曲，其次是中央尾羽特别长，尾巴呈楔形。更漂亮的是其五彩缤纷的羽

白眉雀鹛（*Alcippe vinipectus*）

黑顶奇鹛（*Heterophasia capistrata*）

黑胸太阳鸟（*Aethopyga saturata*）

白顶溪鸲（*Chaimarrornis leucocephalus*）

雍布拉康

色，尤其是雄鸟的头顶至后颈为具有金属光泽的紫蓝色，背部呈红褐色，腰部有一条黄色横带，尾上覆羽和中央尾羽均为紫蓝色，颏、喉和上胸为乌黑色，下胸为硫黄色，其余下体为灰橄榄绿色。它们主要栖息于海拔 1 000 米以下的低山丘陵和山脚平原地带的常绿阔叶林和次生林中，仅在夏季才上到海拔 1 500 ~ 2 100 米的低中山地区的混交林和灌丛地带，今天幸运地让我看见了。黑胸太阳鸟不仅捕捉昆虫和蜘蛛，还采食花蕊和花瓣。它们常单独活动，所以我只看见一只在树木间飞来飞去，啄食花蜜时不断地扇动两翅，悬在花的上空啄取花瓣，有时又头朝下悬垂于枝叶和花朵上，与蜂鸟的行为有些类似。

回到 2012 年 7 月 27 日在错那的行程。离开肖站后顺着来时的路，在一片岩石地带见到一大群岩羊，它们在一只公羊的带领下奔向陡峭的山崖，另一只较老的公羊则跟随断后。我们下午从县城出发返回泽当，没走多远看见有指示浪波乡方向的路，还标明在海拔 3 900 米处有瀑布。不过查了地图后就没有再去探索，因为也不能到达海拔低处。行进到隆子县北部时发现一个小盆地，观察到比较厚的新生代地层，是水平状态的砂泥沉积，看上去像是有化石的样子，只是今天没有时间了，留待以后来工作吧。

计划中要去雍布拉康，到达时正好还没有下班。这是西藏的第一座宫殿，尽管现在看到的建筑是重建的，但地址应该是在聂赤赞普时期的原位。小小

绵延的青稞田

的宫殿现在是一座佛寺，里面堆叠着佛像与国王人臣的雕塑。站在高处，可以俯瞰雅砻河谷阡陌交通、村落密布的田园景象，在此夏日时节，金黄的青稞一派生机盎然，突突奔忙的拖拉机上载满脸上写着收获喜悦的村民。雅砻河肥沃的河谷是西藏主要的产粮区，也是青藏高原古代文明的摇篮和藏民族的发源地，吐蕃时期历代藏王至今还长眠于雅砻河谷的陵墓中。

又到达泽当镇，没想到此时能住下的旅店还真不好找，到处都是客满，最后总算发现一家尚未正式开业的旅店，房门都没法上锁，但条件还算不错，有个中央庭院。我们把所有的行李放在一个房间，让服务员看着，然后到庭院中吃饭。

这是快乐而略带伤感的一天，我也喝了一杯啤酒。明天就要跟达瓦和土登分手了，颉光普返回兰州，李杨璠直飞西安，而王晓鸣在经历了两个月的野外考察之后，在洛杉矶还有很多工作等着他去做。

7月28日，这是此次考察在西藏的最后一天。昨夜下了大雨，但早上起来完全看不出来。早餐同样找了一家小饭馆，还是豆浆和油条，但顾客太多，店主忙不过来炸油条。我们的人就自己上阵了，福桥的手艺不错，把油条炸得也很香。

我们是下午的航班，还有时间去桑耶寺参观。往返路程有80公里，但路很好，全程为沥青路面，能够保证按时去机场。从泽当的雅江大桥跨到北岸，在桥的上游有两个巨大的水中石堆，显然是人工做的玛尼堆。前几天在日喀则地区的仁布县也见到类似的石堆，一问才知道是用原来旧桥的桥墩改造的。过桥后，顺江边公路西行，可以见到河岸有巨大的沙丘发育，但绿化工作做得很好，有以柳树为代表的乔木和以地柏为代表的灌木，也见到比较有效的草方格地表防护措施。

桑耶寺很特别，因为它是西藏的第一座寺庙，三层主殿分别为藏、汉、印样式。今天正好是莲花生的诞生纪念日，全天喇嘛们都在念经，还有一些来自欧美的信徒参与。我们参观了各处，对佛殿中大量精雕细琢的法物和装饰由衷感叹。

雅江上的桑耶渡口只能渡人，过不了车，所以我们返回泽当大桥，下午赶往贡嘎机场。我们在到达机场之前就知道飞机已晚点，然后在5点半才起飞。天空的乌云厚重，但透过云朵之间的缝隙，从清澈的空气中可以直视云下的雪峰和冰川，这样的奇观又在引诱着我草拟重返高原的计划，尽管我们还在

桑耶寺

雪峰和冰川

西藏的天空上。

　　飞机到成都花了两个小时，在成都降落时正下着大雨，又推迟起飞了。我们在飞机上重新开始等待，随后时间缓慢地流逝。飞机一直也不起飞，服务员只好来送饭了。在同一次出差，未起飞之前就配餐竟然碰到两次，真是奇遇，而以前一次也没遇到过。

　　7月29日傍晚，就这样一直在成都的飞机里等着，没有任何消息。到了深夜，雨总算停了，而且地面已干。这时不断有飞机起飞，机舱内的乘客也在频繁地与家人朋友联系，得知北京并没有下雨。终于，广播响起，通知在凌晨1点40分起飞。我似乎有预见，就是到北京时已经天亮了。这次的广播还算准，终于起飞了，但一直在黑夜里航行。

　　飞机于7月30日凌晨4点在北京降落，没想到此时到达的航班非常多。取行李又是好长时间，然后排着长长的队伍等待出租车。这算好事多磨吗？在历经一个月的艰苦而激动的札达盆地野外考察之后，我们带着愉悦的心情和丰硕的收获，在清晨的阳光普照中回到北京。

后 记

　　札达是一个神奇的地方，尽管已经发表了在那里发现的不少哺乳动物化石，但我们知道还会不断有新的研究成果涌现。我在"皮央惊奇"一章中写道："晓鸣等人将很快报道北极狐的祖先也生活在上新世时期的青藏高原上"。果然，就在本书将要付印之时，2014 年 6 月 11 日，英国《皇家学会报告 B：生物科学》（*Proceedings of the Royal Society B: Biological Sciences*）在线刊发了王晓鸣等人完成的题为"从第三极迁向北极：现生北极狐的喜马拉雅起源"的研究论文。

　　由于青藏高原拥有在北极和南极圈之外地球上现存最大面积的冻土和冰川，青藏高原不但享有"世界屋脊"的美誉，也被称为"世界第三极"。生活在青藏高原高寒地带的哺乳动物与南、北极动物同样拥有适应低温的厚重皮毛，而且其中的食肉类也较其他地区具更强的猎食性。

　　我们于 2011 年在研究西藏披毛犀化石的论文中，提出了更新世冰期部分大哺乳动物可能起源于青藏高原地区的"走出西藏"假说。在最新发表的论文里，王晓鸣等人记述了来自札达盆地上新世距今 500 万 ~300 万年前沉积中以古脊椎所新近纪小哺乳动物化石专家邱铸鼎命名的一个犬科新种邱氏狐（*Vulpes qiuzhudingi*），为这个假说提供了更多证据。邱氏狐的下裂齿与现生北极狐同样有发达的切割功能，与其他杂食性更高的现生狐狸种类不同。另外，邱氏狐的体型较北极狐大，通过降低表面积与体积的比率减少了热量的流失，更适应于寒冷气候。

　　在札达动物群被报道之前，一般学者认为现生的北极圈哺乳动物起源于广袤的全北界（即北回归线以北的北半球大部分地区）。但我们多年的野外考察和研究，解密了上新世青藏高原的冰期哺乳动物面貌，并揭示这些动物与现代青藏高原动物群和北极动物群的亲缘关系。

邱氏狐的发现表明，青藏高原的化石群不仅包含披毛犀、岩羊、牦牛、藏羚羊和雪豹的亲缘种，还有距喜马拉雅地带 2 000 多公里以外的北极圈动物的代表——北极狐的早期类型。这一新的发现证明青藏高原的隆起不但对于全球气候有着重大影响，而且高原上的古动物群也与现生动物的全球地理分布有着密不可分的关系。

随着全新世大暖期的到来，以猛犸象和披毛犀等为代表的大量冰期动物绝灭了。然而，残存的冰期动物还在两种独特的寒冷环境中坚持着，甚至是快乐地繁盛着，这就是以牦牛、雪豹等为代表的青藏高原动物群和以北极熊、北极狐等为代表的北极动物群。现在，我们已经在札达盆地的上新世沉积中找到了披毛犀、雪豹和北极狐的祖先类型，全面证明了青藏高原确实是冰期哺乳动物群的摇篮。

鲁迅先生说过："夜正长，路也正长"。在对未知世界的科学探索中，我们仿佛就是在暗夜中前行，新的发现会带来希望的曙光。我们已经发现的化石中还有大量材料等待进一步的研究，而札达盆地以及青藏高原上的其他新生代盆地还有发现哺乳动物化石及其他脊椎动物化石的巨大潜力。因此，我们不能放松，更不能懈怠，还将不断在青藏高原上把野外考察之路无限延伸，要用更多坚实的证据来解开青藏高原隆升与生物进化和环境演变之间密切关系的无数个谜题。

邓涛

于 2014 年 6 月 27 日

札达盆地的位置及考察路线图

图例
国界
国道
省道
河流、湖泊
山峰
市
县
考察路线

0 100 200 km

N

黄河
金沙江
澜沧江
昌都
扎陵湖
鄂陵湖
楚玛尔河
多尔改错
玛曲
当曲
怒江
比如
林芝
南迦巴瓦峰
库赛湖
可可西里河
多尔改错
通天河
那曲
安多
当雄
拉萨
曲水
泽当
桑鲁藏布
隆子
错那
布拉马普特拉河
西金乌兰湖
乌拉乌拉湖
纪泥河
念青唐古拉峰
班戈
申扎
纳木错
墨竹工卡
羊卓雍错
普莫雍错
鲸鱼湖
多格错仁
多尔索洞错
甜水海
南木林
日喀则
江孜
亚东
昂孜错
尼玛
双湖
色林错
格仁错
昂仁
拉孜
拉孜
定日
珠穆朗玛峰
萨嘎
萨迦
岗巴
希夏邦马峰
卓奥友峰
革吉
北日嘉木错
当惹雍错
错勤
措美
改则
塔若错
昂拉仁错
仲巴
马泉河
象泉河
萨勒藏布
219国道
吉隆
洛扎
佩枯错
楚鲁措仁
219国道
鲁玛江冬错
鄂雅错
日土
噶尔
狮泉河
象泉河
印度河
札达
拉孜错
普兰
冈仁波齐峰
纳木那尼峰
玛旁雍错
孔雀河
恒格拉河
干达克河
313省道

邓涛

　　博士，中国科学院古脊椎动物与古人类研究所副所长、研究员。毕业于北京大学古生物学专业，国家有突出贡献中青年专家，中国古生物学会副理事长，全国地层委员会常委，《古脊椎动物学报》副主编。主要从事晚新生代哺乳动物、陆相地层和环境演变研究，领导和参与了一系列卓有成效的新近纪野外考察工作，发现极为丰富的哺乳动物化石，在系统古生物学和生物地层学方面取得丰硕成果，并提供更多的证据阐明青藏高原在晚新生代的强烈隆升及其对气候环境演变的巨大影响。已发表学术论文140余篇，其中第一作者的90余篇，并出版大量科普文章和图书。